社区（老年）教育系列丛书

银龄乐学计算机

主 编　晋玉星

郑州大学出版社

图书在版编目(CIP)数据

银龄乐学计算机／晋玉星主编. —郑州:郑州大学
出版社,2023.6
(社区(老年)教育系列丛书)
ISBN 978-7-5645-9640-8

Ⅰ. ①银… Ⅱ. ①晋… Ⅲ. ①电子计算机-中老
年读物 Ⅳ. ①TP3-49

中国国家版本馆 CIP 数据核字(2023)第 053062 号

银龄乐学计算机

YINLING YUEXUE JISUANJI

选题策划	孙保营　宋妍妍	封面设计	王　微
责任编辑	闫　习	版式设计	陈　青
责任校对	焦天源	责任监制	李瑞卿

出版发行	郑州大学出版社	地　址	郑州市大学路 40 号(450052)
出版人	孙保营	网　址	http://www.zzup.cn
经　销	全国新华书店	发行电话	0371-66966070
印　制	河南美图印刷有限公司		
开　本	787 mm×1 092 mm　1/16		
印　张	16	字　数	173 千字
版　次	2023 年 6 月第 1 版	印　次	2023 年 6 月第 1 次印刷

书　号	ISBN 978-7-5645-9640-8	定　价	82.00 元

社区(老年)教育系列丛书

编写委员会

主　任　　赵继红　　孙　　斌

副主任　　杨松璋　　秦剑臣

委　员　　王　凯　　成光琳　　周小川

　　　　　江月剑　　梁　　才　　张海定

《银龄乐学计算机》
作者名单

主　编　晋玉星

副主编　余　楠

编　委　（按姓氏笔画排序）

王海翔　胡增顺　茹秀娟

前　言

随着我国老龄化程度进一步加深,越来越多的老年人希望通过网络了解外面的世界,需要使用计算机,然而复杂的计算机操作让很多老年人望而却步。国务院 2021 年 6 月印发了《全民科学素质行动规划纲要(2021—2035 年)》(以下简称《纲要》),《纲要》提出老年人科学素质提升行动。在"十四五"时期,实施智慧助老行动,以提升信息素养和健康素养为重点,提升老年人的信息获取、识别和使用能力,增强其获得感、幸福感、安全感,实现老有所乐、老有所学、老有所为。老年教育是终身教育的最后阶段,没有老年教育,终身教育就形不成一个完整的概念。但目前老年教育发展缓慢,老年大学规模不大,老年教育供给与需求之间差距很大,远远不能满足老年人终身学习的需求。

人们常说:"家有一老,如有一宝。"老年人是家庭的财富,更是社会的财富。本书将针对老年人的实际需求,立足于老年人的生活娱乐所需,引导老年人学习实用的计算机操作技能。本书致力于破解老年人群体在移动互联网时代遇到的"数字鸿沟"窘境,切实解决老年人运用智能技术的困难,让老年人更好地共享信息化发展成果。

本书立足于老年人生活中对计算机应用的需要,主要介绍了计算机使用的基本内容,共分为五章,包括计算机的组成、Windows 10 系统的使用、计算机常用软件、Word 2016 文字处理和 Power-Point 2016 演示文稿制作等内容,通过小问题小任务,让老年人一看就懂、一学就会,立竿见影,短平快地解决老年人生活中遇到的计算机应用问题。

本书具有如下特色:

1. 注重实用性。以任务驱动的方式编排学习内容,以必需、够用为度,语言简练,通俗易懂,图文并茂,让老年人一看就懂、一学就会。

2. 注重趣味性。深入了解老年人日常生活中需要用到的信息技术方式,从老年人感兴趣的角度出发,发掘其兴趣点,完成自主学习。

3. 碎片化学习。案例选择碎片化的学习内容,将知识点进行分解,力争几分钟解决一个小问题,利用碎片化输入完成体系化积累的过程,提升学习的成就感。本书定位于老年人,可作为老年教育教学用书,也适合从未接触过计算机和刚开始使用计算机的老年人,还可供丰富业余生活的老年人阅读和使用。

本书编写组成员由开封大学公共计算机教研部骨干教师组成,均长期从事高职院校计算机基础课程的教学工作,教学经验丰富,计算机操作熟练,有能力深入浅出地讲解各种各类信息技术的使用方法,有能力服务社会,帮助更多的零基础的老年人快速掌握计算机的应用。开封大学晋玉星为主编,开封大学余楠为副主编,开封大学王海翔、胡增顺、茹秀娟参与编写。其中，第一章由晋玉星编写，第二章茹秀娟编写，第三章由王海翔编写，第四章由胡增顺编写，第五章由余楠编写，全书由晋玉星统稿。

由于编者学识水平有限，且时间仓促，书中难免存在错漏及不妥之处，恳请使用本书的教师和读者给予批评、指正。

编者

2023 年 1 月

目　录

小乐，今年20岁，男生，师范大学在读，计算机专业，阳光乐观，热爱阅读，喜欢钻研。

老乐，退休，性格开朗，秉持"活到老学到老"的理念，喜欢下棋、画画、摄影、书法。

第一章
计算机的基本组成

第一节 计算机的诞生和类别

老乐:小乐啊,我想学学简单的电脑操作,平时也能上上网,看看新闻,追个剧。可是,我对电脑基本一窍不通,从哪开始学呢?

小乐:爷爷,咱们来个与电脑的初次见面,咋样?

老乐:那就太好了。

一、计算机的诞生

计算机,也可以叫电脑,英文名 computer,是现代一种用于高速计算的电子计算机器,可以进行数值计算,又可以进行逻辑计算,还具有存储记忆功能,是能够按照程序运行,自动、高速处理海量数据的现代化智能电子设备。

计算机的发明者是约翰·冯·诺伊曼(John von Neumann,1903—1957)。计算机是 20 世纪最先进的科学技术发明之一,对人类的生产活动和社会活动产生了极其重要的影响,并以强大的生命力飞速发展。它的应用领域从最初的军事科研应用扩展到社会的各个领域,已形成了规模巨大的计算机产业,带动了全球范围的技术进步,由此引发了深刻的社会变革,计算机已遍及一般学校、企事业单位,进入寻常百姓家,成为信息社会中必不可少的工具。

二、计算机的类别

计算机通常由硬件系统和软件系统所组成。我们通常把"看得见摸得着"的部分叫作硬件,把"看得见摸不着"的部分叫作软件。没有安装任何软件的计算机称为裸机。计算机可分为超级计算机、工业控制计算机、网络计算机、个人计算机、嵌入式计算机五类,较先进的计算机有生物计算机、光子计算机、量子计算机等。

我们日常生活与工作中常用的计算机是个人电脑,常见的有台式电脑、笔记本电脑、平板电脑,从某种意义上讲,手机也是一部特殊的计算机(图1-1)。

图1-1 常见的计算机

台式计算机包括❶显示器、❷主机箱、❸键盘、❹鼠标以及其他的外部设备,比如❺打印机、❻摄像头、❼音箱、❽耳麦等(图1-2)。

图 1-2　台式计算机的外部设备

第二节　计算机的外设接口和设备连接

老乐:小乐啊,计算机后面这么多线,尤其是主机箱后面,那些线都是干吗的?

小乐:爷爷,这些线有的是电源线,用来给主机或显示器供电;有的是数据线,可以把外部设备和计算机连接在一起,起到纽带的作用,让计算机识别这些外部设备,让这些设备正常工作。

老乐:哦,看着复杂,听上去好像并不复杂。

一、认识计算机外设接口

在计算机主机箱的前面和后面有很多形状不同、颜色各异的插孔,不同的插孔有不同的功能。这些插孔和日常生活中用的电源插头与插座一样,只有形状匹配的连接线头才能插进去。

不同的品牌,虽然主机箱的外观各不相同,但是前面板与后面板的外设接口却大同小异(图1-3~图1-5),当我们选购计算机时,可通过实体店的产品介绍手册中看到这些接口的详细说明,也可通过品牌计算机的官方网站去了解不同型号计算机的配置。

笔记本电脑的接口基本与台式机一样。

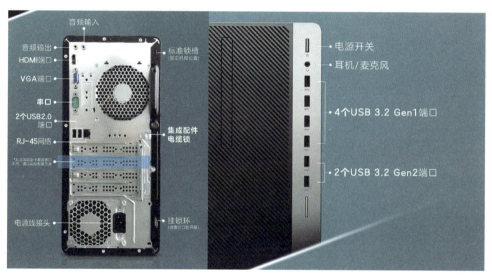

图1-3 惠普 HP 某型号电脑

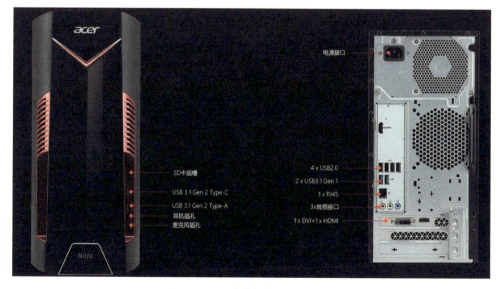

图1-4 宏基某型号电脑

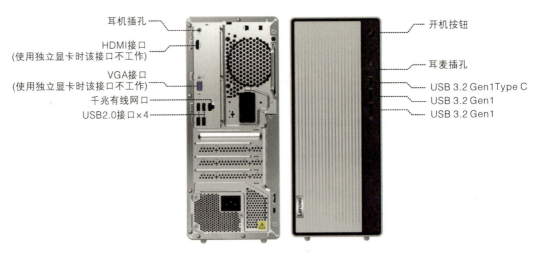

耳机插孔 ———

HDMI接口 ———
(使用独立显卡时该接口不工作)

VGA接口 ———
(使用独立显卡时该接口不工作)

千兆有线网口 ———

USB2.0接口×4 ———

开机按钮 ———

耳麦插孔 ———

USB 3.2 Gen1Type C ———
USB 3.2 Gen1 ———
USB 3.2 Gen1 ———

图 1-5　联想某型号电脑

目前计算机外部接口主要有 VGA 接口、DVI 接口、HDMI 接口、PS/2 接口、USB 接口、RJ45 接口、多声道音频接口等。

二、连接外部设备

常见的计算机外部设备主要有键盘、鼠标、显示器、打印机、U 盘等。

（一）连接显示器

1. VGA 接口与显示器的连接

计算机 VGA 接口较为常见，一般是蓝色的（图 1-6），呈一端宽、一端窄的梯形，用于确定插接方向，共有 15 孔，分成 3 排，每排 5 个孔。与 VGA 接口对应的显示器连接线头是 15 针，连接线头也呈梯形。

VGA 接口与显示器的连接。将显示器连接线接头认准梯形头方向，用力插入计算机的 VGA 接口，再拧紧两颗固定的螺丝。

图 1-6　VGA 接口

2. DVI 接口与显示器的连接

DVI 数字高清接口(图 1-7)在显卡上较为常见。DVI 接口对比 VGA 有很多优势,可以显示更高清的画面,对动态画面处理更加稳定。而随着 HDMI 和 DP 接口的普及,从第九代显卡之后取消了 DVI 接口。

图 1-7　DVI 接口

DVI 接口与显示器的连接:将显示器的 DVI 连接线头认准方向后,用力插入 DVI 接口,再拧紧两颗固定的螺丝。

3. HDMI 接口与显示器的连接

HDMI 数字高清接口(图 1-8)是在 DVI 基础上增加了传输声音的信道,在传输图像的同时支持传输声音,且支持更高的分辨率。

HDMI 有多个版本,不同版本是可以相互兼容的,主要区别是传

图 1-8   HDMI 接口

输带宽的高低,目前 HDMI 2.1 版的传输速率已经达到 42.6 Gbit/s,能够满足 4K 视频的播放。

HDMI 接口与显示器的连接:将显示器的 HDMI 连接线头认准方向后,用力插入 HDMI 接口即可。

4. DP 接口与显示器的连接

DP 接口(图 1-9)类似于 HDMI,也属于高清数字显示接口。DP 接口的开发就是为了今后大分辨率显示设备而生,目前 DP 接口已经可以支持 8K 分辨率的视频传输。高带宽低延迟是它最大的特点,DP 接口也是目前市面上性能最高的视频接口。

图 1-9   DP 接口

DP 接口与显示器的连接。将显示器的 DP 连接线头认准方向后,用力插入 DP 接口即可。

注意:如果接口不同,可以考虑转换,通过线材直接转换的接口,如 DVI 转 VGA 或 HDMI 转 DVI 等实现不同接口间的转换连接。

显示不稳定,有缺色、偏红或绿等现象,可能是 VGA 线接触不好。

(二) 连接 PS/2 接口的键盘和鼠标

1. PS/2 接口

计算机主板上的 PS/2 接口是一个 6 孔圆形接口,中间的矩形孔是用来定位的。传统的 PS/2 接口分为绿色的鼠标接口和紫色的键盘接口。

目前比较流行的 PS/2 接口的颜色是一半紫色,另一半绿色,是键盘和鼠标的通用接口。

2. 连接键盘或鼠标

将 PS/2 接口的键盘或鼠标连线的六针插头按照主板 PS/2 接口的定位标志插入主板上对应的 PS/2 接口的六孔中(图 1-10),完成键盘或鼠标的连接。

图 1-10　PS/2 接口

(三) 连接 USB 接口的设备

1. USB 接口

USB 接口作为计算机领域最常见也是使用率最高的外置接口,从 1996 推出 USB 1.0,至今已经经历了 USB 1.1、USB 2.0、USB 3.0 和 USB 3.1 几大版本的更新。

目前计算机配置的 USB 接口主要是黑色的 USB 2.0 接口、蓝色的 USB 3.0 接口和浅蓝色或红色的 USB 3.1 接口(图 1-11)。

USB2.0母口　　USB2.0公口　　USB 1.0-2.0　　USB 3.0　　USB 3.1
　　　　　　　　　　　　　　黑色、白色　　蓝色　　浅蓝色、红色

图 1-11　USB 接口

USB 2.0 的最大传输速率是 480 Mbps(60 MB/s)。

USB 3.0 的最大传输速率是 5 Gbps(500 MB/s)。

USB 3.1 的最大传输速率是 10 Gbps(1280 MB/s)。

USB 接口的不同版本是可以相互兼容的,例如就算是 USB 2.0 的打印机,同样可以连接在 USB 3.0 的接口上,只是传输速度取决于版本较低的 USB 2.0 端。

2. 连接 USB 接口的设备

现在鼠标、键盘、U 盘、打印机等设备普遍都是采用了 USB 接口,其优点是非常高的数据传输率,而且支持热插拔。

将 USB 接口的键盘、鼠标、U 盘、打印机等设备连线的插头按照正确的方向插入主板上的 USB 接口,键盘、鼠标或 U 盘等设备就可以正常使用了。

(四)连接网络设备

1. RJ45 接口

RJ45 接口(图 1-12)又称为网络接口,目前个人电脑上用的网络接口基本上都是 RJ45 接口,传输速率可以达到 1 Gbps。RJ45 接口上有连接指示灯（LINK）、信号传输指示灯（ACT）。

图 1-12　RJ45 接口

2. 连接网络设备

将网线一端的 RJ45 水晶头，认准方向，插入计算机端的 RJ45 接入口，听到"喀"声后，表示已经顺利将网线的 RJ45 水晶头卡栓卡入 RJ-45 接入口。

按照相同的方法将网线一端的 RJ45 水晶头插入墙壁上的 RJ45 接入口（RJ45 插座）或路由器的 LAN 接入口，完成网络设备的连接。

（五）连接音频设备

1. 音频类接口

声卡上不同颜色的接口分别对应了不同的功能（图 1-13）。

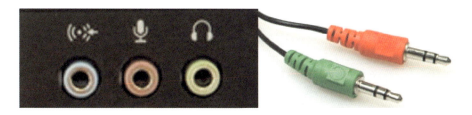

图 1-13　音频类接口

- 红 MICin 麦克风输入（有些声卡为粉红色）。

- 蓝 Linein 线路输入。

- 绿 Front 前端扬声器(左右)。
- 橙 C/LEF 中置/低频加强声道。
- 黑 Rear 后端扬声器(左右)。
- 灰 Side 测环绕扬声器(左右)。

2. 连接音频设备

将麦克风的插头插入红色孔中,将音箱或耳机插头插入绿色孔中,完成常用音频设备的连接。

完成计算机外部设备的连接和接通电源后,以后只需打开计算机及外部设备的电源开关就可以使用计算机了。

一般情况下,开机顺序是先打开外部设备的开关,再打开主机电源开关。而关机顺序则相反。

第三节　鼠标的结构和操作

老乐:以前总觉得这么一大堆线乱糟糟的,接口也很复杂,但是现在看来,这些接口就好比螺丝和螺母,只有大小和形状匹配了才能连接上,挺有意思的。

小乐:您这个比喻很形象。

老乐:接下来,你给我说说鼠标吧,看我能不能学会用鼠标。

小乐:好啊!

一、鼠标的诞生

世界上第一个鼠标诞生于 1968 年 12 月 9 日,是由美国斯坦福大学博士道格拉斯·恩格尔巴特发明的(图 1-14),他也被尊称为"鼠标之父"。鼠标的设计目的是代替键盘烦琐的输入指令,让计算机的操作更加便捷。他制作的鼠标是一只小木头盒子(图1-15),工作原理是由它底部的小球带动枢轴转动,并带动变阻器改变阻值来产生位移信号,信号经计算机处理,屏幕上的光标就可以移动。自此,鼠标和电脑就结下了不解之缘。诞生时它的名称叫作"显示系统纵横坐标定位指示器",由于它形似老鼠,所以,后来人们称它为"鼠标"。

图 1-14　道格拉斯·恩格尔巴特　　图 1-15　世界上第一个鼠标

随着科技的发展,鼠标由最初的机械鼠标发展成当下主流的光电鼠标,材质也由木质变成了塑料或者金属,不仅手感光滑,而且使用起来精准度更高,也更顺畅。

二、鼠标的外部结构

常见的鼠标(图1-16)有两个按钮,即❶主要按钮和❸次要按钮,通常也分别称为左键和右键。大多数鼠标在按钮之间还有一个❷滚轮。鼠标要在平整干净的平面上才能正常工作,这是因为,在光电鼠标的底部,有一个发光二极管和两个相互垂直的光敏管,即❹光学引擎。当发光二极管分别照射到白点和黑点时,会产生折射和不折射两种状态,而光敏管对这两种状态进行处理后便会产生相应的信号,从而促使电脑做出反应。每一个鼠标都有相对应的❺产品序列号。

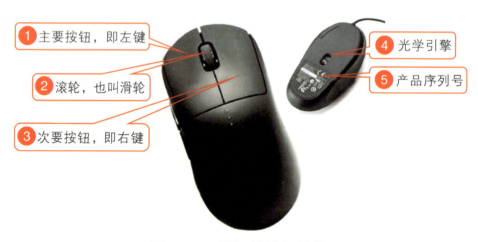

图1-16　鼠标的外部结构

三、鼠标的操作

基于鼠标的工作原理,在使用鼠标时,应将其放置于平整干净的表面上,比如鼠标垫。当用右手操作鼠标时,可轻轻握住鼠标(图1-17),❶食指放在主要按钮上,❷中指放在次要按钮上,❸拇指放在侧面,❹其余手指自然放置即可。若要移动鼠标,可向任意方向慢慢滑动它。

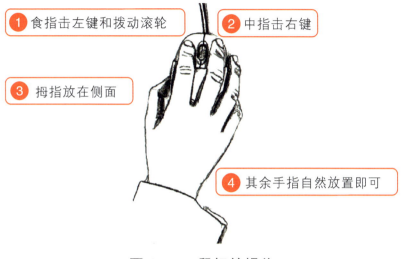

图 1-17　鼠标的操作

鼠标的基本操作有指向、单击、右击、双击以及拖移,具体作用如表 1-1。

表 1-1　鼠标的基本操作

操作	作用
指向	移动鼠标指针到对象处,此时指向并未选择对象
单击	击打鼠标左键一次,选择对象
右击	单击鼠标右键,将弹出能对所指对象进行操作的列表(右键菜单)
双击	快速地单击两次对象,将打开该对象
拖移	将鼠标指针指向任一对象,按住鼠标左键不放开,移动至另一位置后松开

注意:如果两次单击间隔时间过长,它们就可能被认为是两次独立的单击,而不是一次双击。

第四节　键盘的布局和操作

老乐：小乐，经过你的指导，再加上这段时间我勤练鼠标的操作方法，感觉它在我手里比以前灵活多了，不怕你笑话，我以前总觉得桌子不够大呢，鼠标没有足够空间移动，哈哈！现在教我用键盘打字吧？

小乐：爷爷，除了鼠标，键盘也是很重要的计算机设备，而且，使用起来要比鼠标复杂很多。

老乐：是的，鼠标就左右两个按钮，这键盘上的按键这么多，看着就很复杂。

小乐：爷爷，没关系，咱们先来认识一下键盘，所谓"工欲善其事，必先利其器"嘛！

键盘是计算机的输入设备，可以完成数字、字母、汉字等内容的输入，是计算机的重要的部件。

一、键盘的发展

输入设备的概念起源于 19 世纪晚期，当时，人们需要通过电话线传输金融股票数据，就改进了早期的键盘，于是，电传打字机就诞生了。

1868 年，美国机械师克里斯托弗·莱瑟姆·肖尔斯与他的助手卡洛斯·格利登发明了一种看起来很像缝纫机的打字机。肖尔斯原本只是一名出版社的编辑，他从《科学美国人》杂志上一台布满按键的原型机器中获得灵感，打造了一台能够用于写作的打字机（图1-18），当时键盘上只有简单的两排按键，左半部分是数字，右半部分是26个英文字母顺序排列。

1956年麻省理工学院借鉴打字机开始研究与实验使用键盘来控制计算机，从这个角度来说，计算机键盘是从英文打字机键盘演变而来的。所以，键盘的出现比计算机要早很多年。

图1-18　早期的打字机

目前计算机键盘大多是QWERTY键位布局。其实，肖尔斯发明的机械打字机的工作原理类似于钢琴，靠敲击前方按键来驱动背后的撞针，将字母印在纸面上的。一旦打字速度变快，可能还没等上一个字母撞针归位，下一个撞针就被抬起，此时打字机就很容易被相邻的两个撞针卡住。经过反复测试，最终发现以QWERTY键位来布局，可以最大程度地解决这个棘手的问题。

因为习惯，QWERTY键位布局键盘一直延续了下来，直到150多年以后的今天，就连智能手机也继续保留这种键位布局。

二、键盘布局

常见的键盘可分为4个键区和一个指标区（图1-19），从上到下，从左到右分别为❶功能键区、❷状态指标区、❸主键区、❹编辑键区和❺小键盘区。

图 1-19　键盘布局

❶功能键区：ESC 的功能是取消某项操作，从运行的程序中退出。12 个功能键 F1~F12，每一个都可以由软件定义，方便操作，比如 F1 常为帮助，F12 常为另存。Print Screen 用于截取当前屏幕。

❷状态指标区：具有 CapsLock（字母大键盘小写锁定）、NumLock（数字小键盘锁定）、ScrollLock（滚动锁定键）三个指示灯。

❸主键区：主要使用键区，包含所有数字键、英文字母以及标点符号等。此外，还有几个特殊的控制键。

❹编辑键区：用于移动光标，进行插入、改写、删除和翻页等操作。

❺小键盘区：包含数字，又称数字键区，可以提高输入数字效率。

三、键盘操作要领

指法练习对初学者很重要，也是计算机操作基础。正确的指法练习可以帮助我们提高打字速度。另外，打字时一定要端正坐姿，如果坐姿不正确，不但会影响打字的速度，而且很容易疲劳、出错。

键盘上的 F 与 J 键是基准键位,摸上去会有小的突起,用来放左手与右手的食指。准备打字时,两个大拇指放在 Space 键上,其他八个手指分别放在 A、S、D、F 和 J、K、L 键上(图 1-20);每个手指负责斜平行方向的键位。

图 1-20　键盘指法

第五节　中英文的输入

　　老乐:小乐,通过你对键盘的介绍,我现在觉得键盘的操作并不复杂,其实,我只要记住一些常用的键,能完成一些汉字或者英文的输入就可以了。

　　小乐:爷爷,输入英文很简单,直接按键盘上的标注输入就行了,但是想要输入中文,就需要在电脑上安装中文输入法。而且,在输入中文的时候,还有很多技巧呢!

　　中英文的输入主要通过键盘来完成,另外,随着科技发展语音输入也是一个新趋势,很方便快捷。

一、输入法

输入法是指为将各种符号输入计算机而采用的编码方法。目前常用的输入法主要分为三类，一是以字形义为基础，输入快且准确度高，但需要专门学习，比如五笔输入法；二是以字音为基础，无需专门学习，但需要拼音基础，比如拼音输入法；三是以语音为基础，用说话的方式进行输入，方便快速，但识别度有限，比如各种输入法附带的语音输入功能。

当键盘输入需要进行中英文切换时，可以通过以下热键完成（表1-2）。

表1-2 切换输入法的热键

热键	作用
Ctrl+Shift	在已安装的各个输入法之间进行切换
Ctrl+Space	实现英文输入和中文输入法的切换
Shift+Space	进行全角和半角的切换

二、搜狗拼音输入法

当需要录入汉字内容时，可以切换到搜狗输入法的方式。我们可以在搜狗输入法网站 https://pinyin.sogou.com 下载最新版本的搜狗输入法。下文中所用的搜狗拼音输入法的版本是11.6.0.5419。

搜狗输入法的状态条通常位于计算机屏幕右下角，从左到右依次是"搜狗输入法菜单""中英文切换""中英文标点""表情符号""语音""输入方式""登录账户""皮肤中心""智能输入助手"
等按钮（图 1-21）。

图 1-21　搜狗输入法

（一）搜狗输入法菜单

如图 1-22，单击最左端的❶菜单按钮，可以打开菜单，菜单里
所显示的工具是搜狗拼音能够使用的工具，比如会显示当前输入的
字数、智能输入助手、常用设置等内容，在菜单的右下角单击❷【更多
设置】，会打开❸"我的输入法"，对搜狗拼音进行个性化的设置。

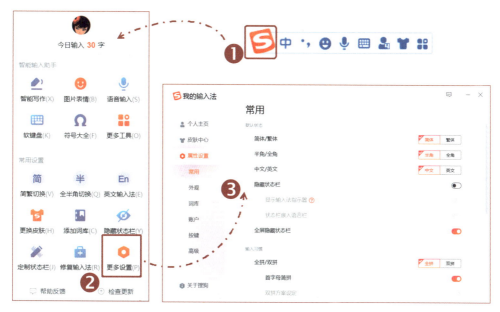

图 1-22　搜狗输入法菜单

（二）中英文切换

如果要进行中文与英文内容的混合输入，可单击"中英文切换"工具来完成。

（三）中英文标点

可实现中英文标点符号的切换。

（四）表情符号

可以像使用手机中的表情符号一样，输入更多表情符号，增加文字表达的趣味性。单击"表情符号"按钮，可打开图片表情对话框，选择想要的表情符号（图1-23）。

图1-23　表情符号

（五）语音

单击"语音"按钮,可打开语音输入,此时,需要使用语音输入设备(比如麦克风)来进行输入(图1-24)。搜狗语音输入法除使用"普通话"以外,还可以选择方言或外语进行录入,可通过左下角的❶普通话列表,选择不同的语言,也可通过右上角的❷二维码,打开一个二维码,利用手机端的搜狗拼音软件进行跨屏输入。

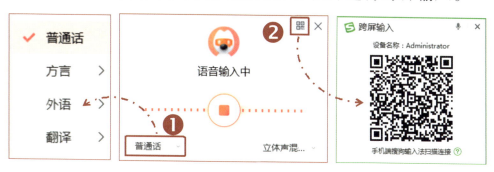

图1-24 语音输入

目前,语言输入法所支持的方言主要有东北话、贵州话、河北话、济南话、南京话、四川话、陕西话、天津话、武汉话、广东话等,外语主要有英语、日语、韩语、法语、意大利语、俄语、西班牙语、德语和泰语。搜狗语音输入法也可完成中英互译、中日互译、中韩互译、中法互译、中西互译、中俄互译与中德互译的翻译工作。

（六）输入方式

除了利用键盘完成中英文内容的输入外,还可以单击"输入方式"按键,选择其他的方式,比如手写输入和打开软键盘等(图1-25)。

图1-25 输入方式

手写输入是一个扩展工具,所以第一次单击【手写输入】时,电脑会自动下载手写输入软件,然后就可以看到【手写输入】面板了(图1-26)。屏幕上会出现的一支铅笔,可选择【单字手写】或【长句手写】,只需要像写字一样握住鼠标就可以手写想要的内容,书写完毕后,可鼠标双击完成书写,若发现写错了,可右键单击取消一笔。

图 1-26　手写输入

【符号大全】可以完成一些非文字的特殊符号的输入,比如△▽✔✘※♤♡之类的特殊符号,单击【符号大全】,可以打开【符号大全】的对话框(图1-27),可根据符号的类型进行选择,比如标点符号、数字符号等。

软键盘(图1-28)并不是在键盘上的,而是在"屏幕"上,是通过软件模拟键盘通过鼠标点击输入字符。

单击图1-25中的【软键盘】按钮,在屏幕上打开模拟键盘(图1-28)。通过鼠标点击字符,可以完成字符的输入。

通过前面的学习我们已经了解了键盘,由于键盘上键的布局是相对固定的,别有用心的人会根据你的指法以及敲击的位置来猜测你输入的内容,尤其是某些个人账号密码等,还有一些木马病毒也可以通过程序记录键盘输入的内容,这时,如果用软键盘通过鼠标点击的方式进行内容的输入,就可以避免账号和密码的泄露。所以,在一些银行的网站经常会使用软键盘来完成账号和密码的输入。

图 1-27　符号大全

图 1-28　软键盘

（七）登录账户

搜狗输入法可以使用 QQ、微信、搜狗账号等进行登录,登录完成后,单击【登录账户】可以看到个人主页对话框(图 1-29),了解输入法的使用情况,也可以将自己的词库进行移植。

图 1-29　登录账户

（八）皮肤中心

皮肤中心提供不同输入法外观的下载,找到我们喜欢的外观,直接单击即可下载并换装(图 1-30),来增加打字时的乐趣。

（九）智能输入助手

【智能写作】可以智能自动纠正文字错误轻松完成文字输入,【颜文字】可以完成可爱字符表情(＊^▽^＊),【点点输入】可以用鼠标、笔记本电脑触摸屏或智能设备触屏完成文字输入,【录音助手】可以将音频转换成文字。这些功能都能让我们的文字输入更加便捷,也更加有趣(图 1-31)。

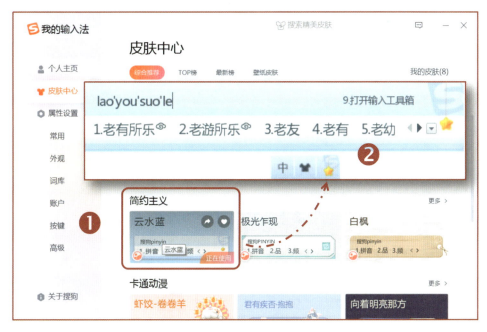

图 1-30　皮肤中心

图 1-31　智能输入助手

（十）属性设置

在属性设置里（图1-32），可以通过❶【外观】，选择❷【更换字号】，选择更大的字号，打字时会看得更清楚。

图1-32　属性设置

三、汉字输入技巧

（一）全拼

如果要输入"老有所乐"这四个字，只需要切换到搜狗拼音输入法，利用键盘输入"laoyousuole"拼音，此时，输入框的上方是我们输入的拼音，下排是候选项。如果下排的第1项是正确的，就直接空格键确认，而敲回车键则完成英文输入。如果所需汉字不在当前屏，可单击翻页键"<"（向上翻页）或">"（向下翻页）（图1-33），直到找到所需要的文字。

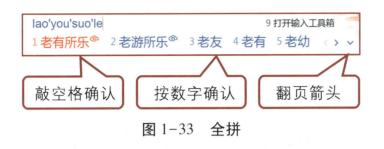

图 1-33　全拼

（二）简拼

有时,为了简化输入,我们可以"简拼"完成文字输入,即只输入所需字词的声母或声母的首字母,搜狗输入法会自动联想相关词语,完成文字的输入。比如,利用键盘输入"lysl",在选择中选择"3"也可以输入"老有所乐"这四个字(图 1-34)。

图 1-34　简拼

有效利用简拼可以大大提高输入效率,举例如表 1-3。

表 1-3　简拼的应用

输入内容	相关词语	输入方式
jsj	计算机	简拼
zhhrm	中华人民共和国	简拼+联想
jsjjichu	计算机基础	混拼(简拼和全拼结合)

（三）中文标点符号

中文与英文在标点符号的用法上差异较大,英文标点可直接在英文输入状态下按对应键盘输入,这些标点位于键盘的第二行和英文字母区域的右侧,通常每一个键可以完成两种符号的输入,按键下面的符号可直接按下完成输入,按键上面的符号需要配合 Shift 键来完成输入。比如@符号,就需要同时按住 Shift 和数字2(图 1-35),如果不按 Shift 键,只按数字2键,那么输入的内容是数字2。

图 1-35　中文标点符号

但是个别的中文标点却需要一些技巧才能完成。比如中文省略号,并不是简单的六个点;比如书名号,在英文中是没有的,但是在汉语书写时,遇到报纸、书籍、歌曲等都需要加书名号;比如顿号,英文也是不存在的,但是在中文里顿号表示并列词语之间短暂的停顿,也是常用的标点。那么,这些标点符号使用键盘应该如何输入呢?表 1-4 就列出了一些常用中文标点的输入方法。

表 1-4　常用中文标点的输入方法

标点名称	举例	方法
间隔号	约翰·史密斯	中文输入法状态,按点键,位于 Esc 键的下方

续表 1-4

标点名称	举例	方法
省略号	语文、数学、英语……	中文输入法状态,Shift+数字 6

顿号	语文、数学、英语……	中文输入法状态,/或者\

双引号	小乐说:"好的!"	中文输入法状态,Shift+引号键

破折号	咦——	中文输入法状态,Shift+减号

续表 1-4

标点名称	举例	方法
书名号	《为人民服务》	中文输入法状态，Shift+逗号、句号

（四）隔音符

在搜狗拼音输入法中，隔音符采用英文单引号"'"。例如，西安的全拼是"xian"，但我们在拼写时不能简单地输入"xian"，可以输入"xi'an"。"上海"全拼是"shanghai"，但它的简拼不能是"sh"，因为这是一个复合声母。它的简拼可以用"s'h"。

（五）拆分输入

日常生活中常常会遇到不认识的字，比如犇、奊、晶、猋等等，可以使用搜狗拼音输入法的"拆分输入"方式，输入"u"和汉字的偏旁部首就可以了。比如"犇"，只要拼写"uniuniuniu"，就能完成。比如"奊"，只要拼写"udada"，就可以完成（图 1-36）。

图 1-36　拆分输入

对于无法拆分的字，输入"u"和汉字笔顺也就可以完成。比如"朩"，用"uhspn"就可以轻松输入（图 1-37）。

图 1-37　拆分输入

（六）长名联想

在输入长句子时,只需要输入几个汉字,搜狗输入法就会默认整句,适用于古诗词、成语等内容的输入。比如输入"renshengruoz",拼音尚未全部输入完成,长句便自动联想成功了(图 1-38)。

图 1-38　长名联想

（七）模糊音设置

如果我们不能正确区分前后鼻音,平舌翘舌不分,那么,可以在【登录账户】对话框中,选择【属性设置】中的❶【常用】,在【输入习惯】下面单击❷【模糊音设置】,打开【模糊音】对话框,点击❸【开启智能模糊单推荐】,并根据个人情况,勾选需要开启的模糊音即可(图 1-39)。

图 1-39　模糊音设置

这时,当我们输入"liulai",就能打出"牛奶"两个字了(图1-40)。

图 1-40　模糊音设置

(八)错音提示

日常生活中,我们会经常念错一些词语,比如烘焙到底是读"péi"还是"bèi"? 即使误输成成"hongpei",搜狗输入法也能拼写出来,括号内会标注正确的读音,帮助我们重新认识这些汉字(图1-41)。

图 1-41　错音提示

(九)中英混输

"散装英语"无处不在,比如"我今天很 happy","这衣服很cool",搜狗拼音输入法具有中英混输入的功能,不用麻烦中英文切换,直接在中文模式下就可以打出了(图1-42)。

图 1-42　中英混输

第二章
Windows 10 操作系统的使用

Windows 10 是由微软公司（Microsoft）开发的操作系统，应用于计算机和平板电脑等设备，是目前主流的操作系统之一，也是世界上使用最广泛的操作系统。

Windows 10 操作系统在开机后，会出现如图 2-1 所示的界面。

❶桌面。显示器显示屏呈现的界面叫作【桌面】，可用自己喜欢的图片或颜色美化，这些图片或颜色被称为【桌面背景】或【壁纸】。

❷图标。桌面上有很多图标，它们代表了各种各样的程序或文件。这些图标有的是系统自带的图标，比如【此电脑】【回收站】等，有的是在安装了应用程序后在桌面上生成的快捷方式，快捷方式图标的左下角有一个弯箭头。桌面上还可以存放文件或文件夹。

❸开始菜单。桌面左下角的图标 ⊞ 是【开始菜单】，它是计算机程序、文件夹和设置的主门户，包含 Windows 需要进行的所有工作。通过【开始菜单】，可以进行诸如启动程序、打开文件、使用"控制面板"自定义系统、获得帮助等操作，也可以进行注销用户和关

闭计算机等操作。

❹任务栏。通常位于桌面最下方,以长条状显示,包含应用程序区、语言栏选项带、托盘区以及最右侧的显示桌面功能。

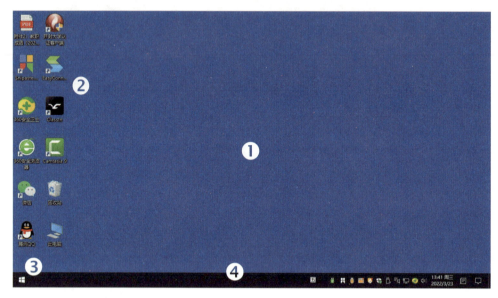

图 2-1 桌面

我们可以根据自己的使用习惯对 Windows 10 系统进行个性化设置,以方便日常操作。

第一节 计算机的个性化设置

老乐:小乐,我想把我自己拍的照片做成计算机一开机时的画面,应该如何操作?

小乐:爷爷,计算机的开机画面也可以叫作桌面背景,或者壁纸,可以利用计算机设置中的个性化进行调整。

老乐:我觉得这张向日葵挺好看的,就用它吧!

小乐:嗯,好的!

一、设置桌面背景

第一步：在桌面空白处单击右键，在快捷菜单中选择❶【个性化】（图2-2，左），打开个性化设置窗口。或者在电脑左下角点击❷【开机】图标→❸【设置】→❹【个性化】，也能进行个性化设置（图2-2，右）。

图2-2　个性化

第二步：在【个性化】列表中，选择❶【背景】→打开【背景】界面，在❷【背景】处单击打开❸下拉列表，选择【图片】；单击❹【浏览】→打开❺"打开"对话框，根据"向日葵"图片所在的位置，选择图片后，单击【选择图片】按钮→重新回到【背景】界面；选择❻【选择契合度】→打开❼列表，如选择【拉伸】对图片进行调整（图2-3），即可完成桌面背景的设置。

我们在选择图片时，应注意图片的纵横比例，看看该比例是否与计算机屏幕的分辨率一致，比如16：9或16：10。如果不一致，背景图片就出现变形的情况。此时，可利用【选择契合度】选项进行调整，让桌面背景看起来更舒适。

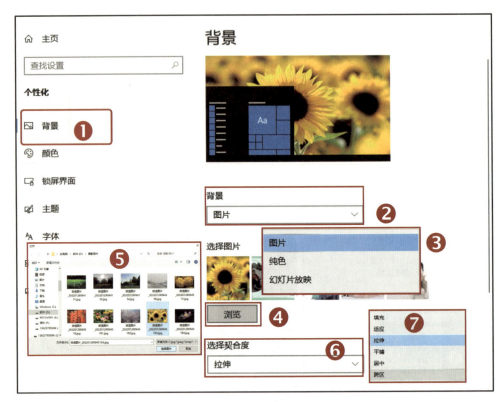

图2-3　背景设置

老乐:小乐,计算机桌面上的图标太小了,我想让它们变大一些,还有计算机上的字也要大一些,这样就不用总戴我的老花镜了。

小乐:爷爷,当然可以了,这个很容易。

二、桌面图标

第一步:调整图标大小。在桌面空白处右击→打开❶右键菜单,选择【查看】→弹出❷列表,再选择【大图标】,图标就变大了(图2-4)。

第二步:如果希望图标更大,字体也更大,可在桌面上右击→打开❶右键菜单,选择【显示设置】→打开【显示】界面,单击❷【更改文本、应用等项目的大小】→弹出❸下拉列表,选择【175%】(图 2-5)。再重新回到桌面上看看,图标是不是变得更大了呢?

图 2-4 大图标显示

图 2-5 更改桌面图标和文本大小

第三步:图标的排序方式。在桌面上右击→打开❶右键菜单, 选择【查看】→❷弹出列表,可以勾选【自动排列图标】和【将图标与网格对齐】；若在❶右键菜单中选择【排序方式】→弹出❸列表，可以对桌面上的图标按❹列表中的【名称】【大小】【项目类型】或【修改日期】方式排列（图2-6）。

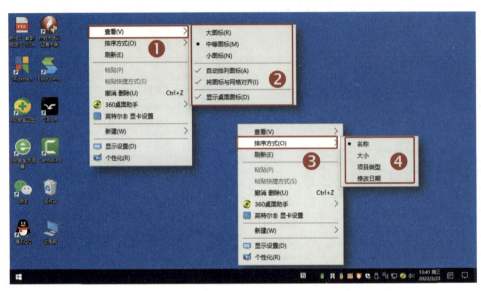

图2-6　桌面图标的查看与排列

第四步：删除图标。若想删除桌面上的图标，右击想要删除的图标→打开❶右键菜单，选择❷【删除】即可（图2-7）。

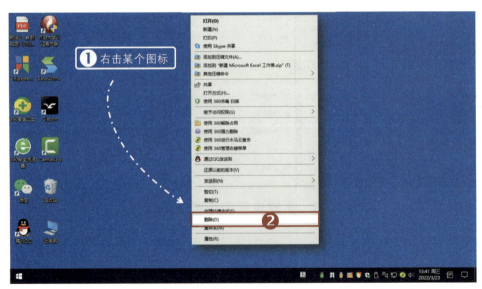

图2-7　删除图标

小乐：爷爷,除了调整计算机桌面上图标的大小,计算机桌面的外观也可以用主题来调整。

老乐：你说的这个主题,是不是和手机一样?

小乐：是的,桌面主题是一个包含"背景""颜色""声音""鼠标光标"的效果集合,它们共同构成了用户的操作系统界面。我们可以通过改变主题来感受不同的使用体验。

三、桌面主题设置

在【开始菜单】(左下角的视窗按钮■)中选择【设置】→打开【Windows 设置】窗口,在【主页】中,单击【个性化】,如图 2-8 所示,在左侧的【个性化】列表中选择❶【主题】→弹出【主题】界面,此时可看到❷当前主题样式下的【背景】【颜色】【声音】和【鼠标光标】等属性。若要更换其他主题,在❸【更改主题】下方❹中选择自己喜欢的主题样式。

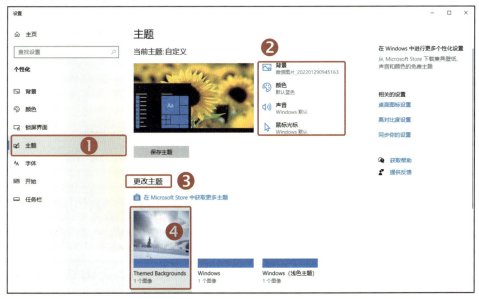

图 2-8　更改主题

老乐：小乐，你来看，换主题，就好像是给计算机换了一套衣服，方便快捷挺有趣！

小乐：爷爷，Windows 10 的开始菜单也很有趣，它有磁贴功能，可以把我们经常用的工具都贴上，方便使用。

老乐：是吗？让我瞧瞧。

四、开始菜单的设置

在【开始菜单】中选择【设置】→打开【Windows 设置】窗口，在【主页】中，单击【个性化】，在左侧列表中选择❶【开始】→弹出❷【开始】界面，可以对开始菜单进行设置（图 2-9）。

图 2-9   开始菜单设置

单击❶【开始菜单】→打开【开始菜单】界面，可快速打开❷【📄文档】【🖼图片】【⚙设置】以及【⏻关机】操作。同时会显示计算机中所有的❸应用程序，菜单右侧是一些常用程序的❹磁贴列表（图 2-10）。

图 2-10 程序与磁贴

Windows 10 系统中,磁贴是开始菜单中的一种功能,可以将经常使用的软件贴在其中,如果希望将某个程序放置在磁贴中,只需要❶拖拽这个程序至磁贴的某一个合适的位置❷中。右击某一个磁贴→弹出❸列表,选择【调整大小】→弹出❹列表,选择磁贴图标的【中】或【小】(图 2-11)。

图 2-11 添加磁贴内容

小乐:通常在桌面下方有一个细长条,叫作任务栏,别看它小,但作用却很大,咱们使用计算机时所有的任务图标都能在这上面显示出来。您可以按照自己的习惯设置任务栏。

老乐:确实是,我打开一个文件或者一个任务,在下面就能看到一个图标。

五、任务栏

在【开始菜单】中选择【设置】→打开【Windows 设置】窗口,在【主页】中,单击【个性化】,在左侧列表中选择❶【任务栏】→弹出❷【任务栏】界面,可以对任务栏进行设置(图 2-12)。

默认情况下,任务栏位于屏幕最下方,可在❸"任务栏在屏幕上的位置"打开❹下拉列表,将任务栏放置于屏幕的相应位置(【底部】、【顶部】、【靠左】或【靠右】)。在❺【合并任务栏按钮】打开❻下拉列表,可对任务栏按钮进行【始终合并按钮】、【任务栏已满时】或【从不】的设置(图 2-12)。

长条状的任务栏会显示当前所进行的程序图标或正在编辑的文件图标,当光标移动到这些图标上时,会自动显示❶小窗口,单击该图标会切换到图标对应的窗口;❷通知区域通过各种小图标显示电脑正在运行的软件;❸日期与时间区域显示当前的系统日期和时间;最右端的小竖条按钮是❹【显示桌面】按钮,单击该按钮,可以在桌面和当前窗口之间切换(图 2-13)。

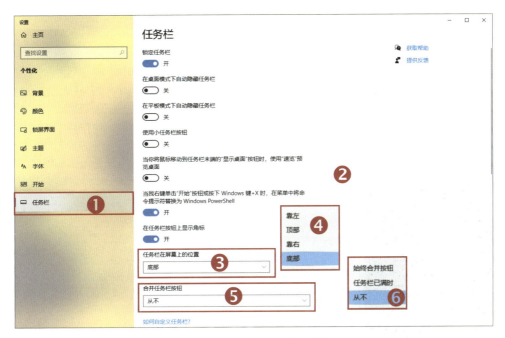

图 2-12 任务栏设置

图 2-13 任务栏

第二节 日期时间、区域设置和账户管理

老乐: 小乐,我计算机右下角的时间好像不对啊,比我手机上的慢了好几分钟呢!

小乐: 右下角那个时间和日期,也叫系统时间和日期,因为我们的计算机一般都是联网的状态,所以系统会自动校对时间服务器,更正到北京时间。但是如果时间或日期不准确了,或者您把计算机带到其他的国家了,可以手动调整对应的时区或时间。

一、系统日期和时间

第一步:在【开始菜单】中选择❶【设置】→打开【Windows 设置】窗口,单击【主页】,选择❷【时间和语言】选项→打开【日期和时间】设置窗口(图 2-14)。

图 2-14　时间设置

第二步:在【日期和时间】设置窗口中,选择❶【日期和时间】,会看到当前电脑的日期与时间。若将❷【自动设置时间】关闭,就可以手动设置日期和时间了。单击❸【更改】→打开❹"更改日期和时间"对话框,依次调整日期和时间,完成后单击【更改】。若计算机处于联网状态,可单击❺【立即同步】,将日期和时间与因特网时间服务器同步(图 2-15)。

二、区域设置

第一步:在【日期和时间】设置窗口中,单击❶【区域】→打开【区域】界面,在❷【国家或地区】打开❸下拉列表,在❸下拉列表中

可选择合适的国家或地区。当选定某一个国家或者地区后，下方
❹【区域格式】就会显示与该国家或地区相匹配的格式数据，比如
日历、一周的第一天等信息(图 2-16)。

图 2-15　更改日期和时间

图 2-16　调整区域

第二步:若要更改数据格式,可单击❶【更改数据格式】选项→打开【更改数据格式】列表,可对相关格式进行调整,比如将❷【一周的第一天】调整为【星期日】(图 2-17)。

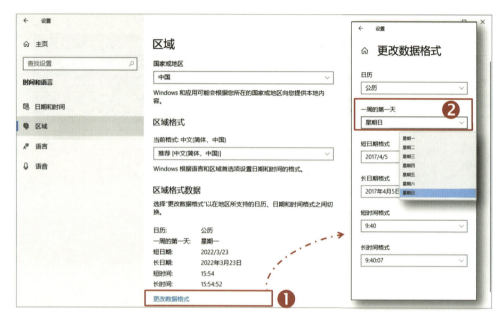

图 2-17　更改数据格式

老乐:小乐,这台计算机一开机就让输入密码,我觉得很麻烦,怎么把密码去掉呢?

小乐:这属于账户管理,如果不想设置密码,可利用用户账户设置,将账户密码的位置空白,也就是不填写内容就行了。

三、用户账户

用户账户是一个信息集合,用来储存用户设定和数据,通知 Windows 当前用户可以访问哪些文件和文件夹,对计算机进行哪些更改等。Windows 是支持多个用户的,可以在同一计算机上为家人、朋友、同事等添加账户,也可对账户进行管理。

(一) 查看账户

单击开始菜单中的【设置】,在【Windows 设置】窗口中选择❶【账户】打开【账户】窗口,单击❷【账户信息】→在右侧可查看❸当前的账户信息(图 2-18)。

图 2-18　查看账户信息

(二) 更改账户图片

单击【创建头像】下方的选项【相机】或【从现有图片中选择】(图 2-18),即可更改账户图片。

单击❶【从现有图片中选择】→打开"打开"对话框,选择❷图片位置,选定所需❸图片,单击❹【选择图片】按钮→重新返回"账户信息"界面,即可看到图片的❺更改效果(图 2-19)。

(三) 添加新账户

在【账户】窗口中,选择❶【电子邮件和账户】→打开"电子邮件和账户"界面,单击❷【添加账户】→打开"添加账户"对话框,可通过一些已经申请过的账户直接登录,也可以单击❸【其他账户】进行注册。在"添加账户"对话框中,依次输入❹电子邮件地址、名称与密码,最后单击❺【登录】,就完成注册了(图2-20)。

图 2-19　创建头像

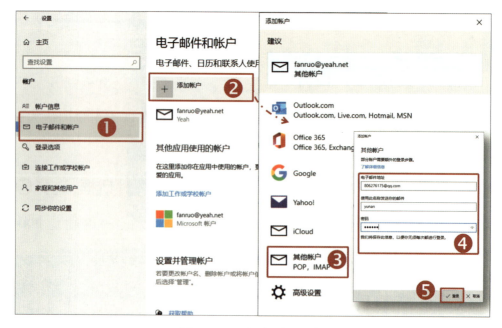

图 2-20　添加新账户

（四）删除账户

在【账户】窗口中,选择❶【电子邮件和账户】→打开"电子邮件和账户"界面,在已有账户中单击❷【管理】→打开"账户设置"对话框,单击❸【删除此设备上的账户】并单击❹【保存】按钮,系统会提示【是否删除此账户】,如确实要继续删除,再单击【删除】即可（图 2-21）。

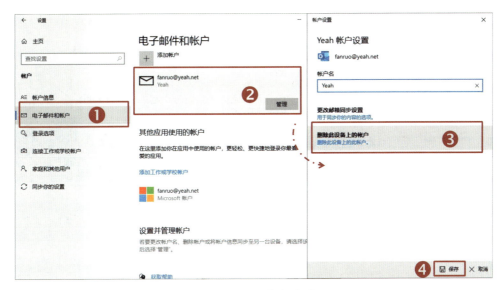

图 2-21　删除账户

（五）设置账户密码

在【账户】窗口中,选择❶【登录选项】→弹出❷"登录选项"界面,可以看到多种登录方式,单击【密码】→弹出列表,选择【添加】（若已有密码,则显示【更改】按钮）打开"创建密码"对话框,就可以为当前账户设置密码了（图 2-22）。

在"创建密码"对话框中,依次输入❶【新密码】【确认密码】以及【密码提示】内容,单击❷【下一步】,选择该密码所应用的❸账户名,最后单击❹【完成】按钮(图2-23),其密码就生效了。其中【新密码】和【确认密码】必须相同。

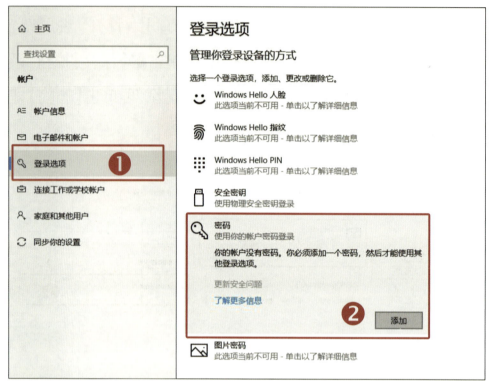

图2-22　设置账户密码

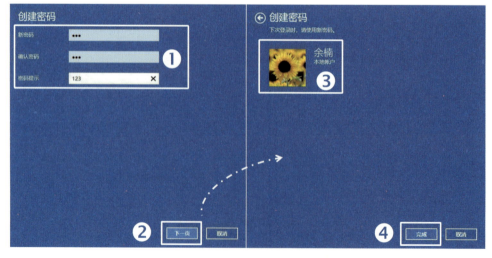

图2-23　创建密码

若要删除密码,只需把图 2-23 输入新密码的位置和确认密码的位置都空着就行了。

第三节 计算机自带工具

小乐:计算机和手机一样,一般都会自带一些常用的工具,比如记事本、计算器等,方便日常使用。

老乐:小乐,这些自带工具应该在开始菜单里吧,我之前好像看到过的。

小乐:是的,爷爷,有些是在开始菜单的程序里,有些是藏在 Windows 10 的附件里。

一、记事本

记事本是 Windows 10 自带的小程序,可以用来创建简单的基本文本(即文字)编辑器,记事本打开速度快、文件小、占用内存低、方便实用。

第一步:启动记事本程序。在开始菜单中,滚动鼠标轮,找到并单击❶【Windows 附件】→打开列表,显示所有的附件,滚动鼠标轮,找到并选择❷【记事本】,就启动❸记事本了(图 2-24)。

第二步:在编辑区域会有一个闪烁的光标,此处是文字的录入位置。如果想要添加当前的时间与日期,单击菜单中的❶【编辑】→打开下拉列表,选择❷【时间/日期】,就能将系统的时间和日期❸插入正在编辑的记事本里了(图 2-25)。

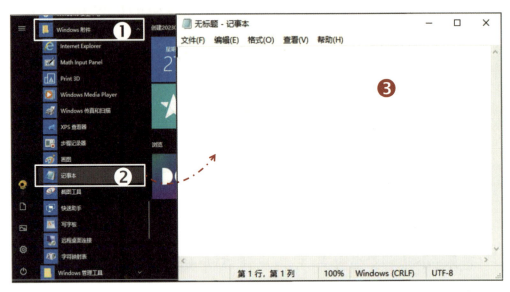

图 2-24　记事本

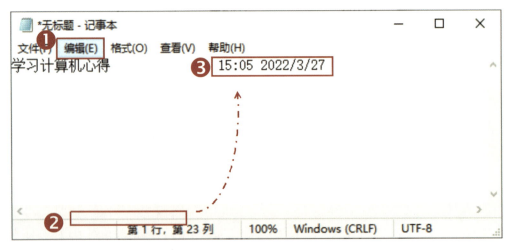

图 2-25　插入系统当前时间和日期

第三步:设置字体。单击菜单中的❶【格式】→打开下拉列表,选择❷【字体】→打开❸"字体"对话框,选择自己需要的【字体】【字形】以及【大小】。图中所设置的样式为楷体、加粗、二号,单击【确定】按钮,完成设置(图 2-26)。

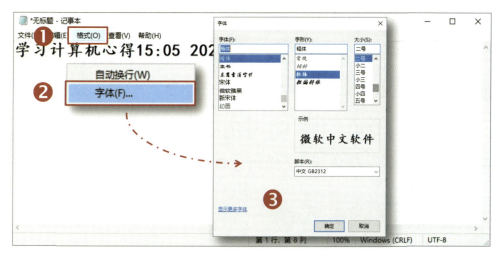

图 2-26　调整字体

第四步:保存记事本文档。单击菜单中的❶【文件】→打开下拉列表,选择❷【保存】→打开❸"另存为"对话框,依次选择希望保存的位置,比如"媒体素材"文件夹(即先在导航窗格中单击 D 盘,然后双击文件夹"媒体素材",此时❸地址栏为 D:\媒体素材,也就是打开了目标文件夹"媒体素材"),输入文件名,再单击【保存】,此时记事本程序的文件名会变成❹刚刚输入的文件名(图 2-27)。

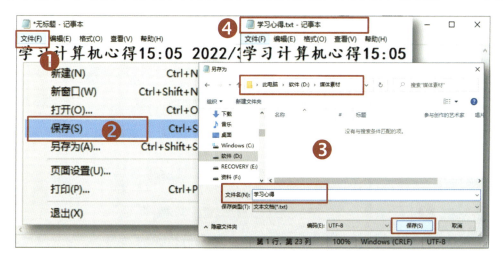

图 2-27　保存记事本文件

新建文件第一次保存都将打开"另存为"对话框,而已保存过的文档再次存盘时,只需单击快速访问工具栏中【保存】按钮,系统即直接存盘,而不再显示"另存为"对话框。

对于已经保存的文档使用【另存为】选项可以将已保存的文档重新命名并改变保存位置,这样可以产生间接备份文档的效果。

二、画图

Windows 画图程序是一个位图编辑器,可以对各种位图格式的图画进行编辑,也可以自己动手绘制图画。编辑完成后,可以采用BMP、JPG、GIF 等不同的格式保存画图。

第一步:启动画图程序。在开始菜单中,选择【Windows 附件】→打开列表,显示所有的附件,选择【画图】,就启动了画图程序。

第二步:设置属性。单击❶【文件】→打开下拉列表,选择❷【属性】→打开❸"映像属性"对话框,可以设置【单位】【颜色】以及画布的大小,单击【确定】按钮,完成设置(图2-28)。

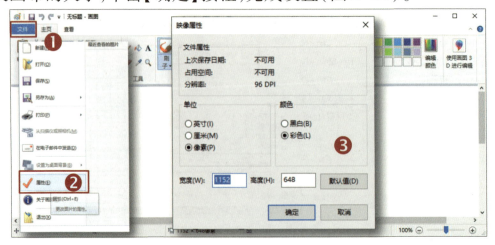

图 2-28　调整画布属性

第三步:设置轮廓和填充。在❶【轮廓】列表中选择工具,如选择【纯色】;在❶【填充】列表中选择工具,如选择【纯色】;在❷【粗细】列表中选择线条粗细,如选择 5 px;在❸【颜色 1】设置轮廓"外框"颜色,如黑色(依次单击❸【颜色 1】、❺黑色块);在【颜色 2】设置填充色如橙色(依次单击❹【颜色 2】、❺橙色块),完成轮廓和填充的设置(图 2-29)。

第四步:绘制形状。先在❻【形状】中选择想要画出的形状,如单击椭圆按钮,把鼠标指针移动到白色区域画布上时,指针会变成十字形,❼拖拽鼠标生成了一个宽为 5 px 的黑色外框、橙色填充的椭圆图形(图 2-29)。

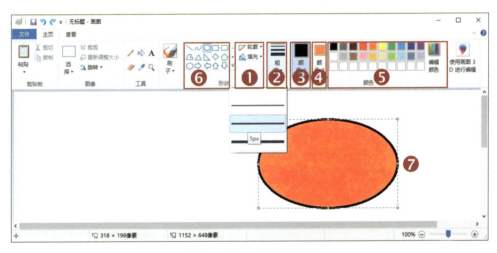

图 2-29　绘制图形

第五步:保存绘图。单击❶【文件】菜单→打开下拉列表,鼠标指向❷【另存为】→弹出❸【另存为】图片格式列表,选择格式项如【JPEG 图片】→打开❹"另存为"对话框(图片格式为 JPEG)(图 2-30)。

单击❶【文件】→打开下拉列表,若选择【另存为】→打开

❹"另存为"对话框(图片格式为默认的 PNG),选择保存位置,输入文件名,单击【保存】按钮,则将图形保存到指定位置处所命名的文件中。

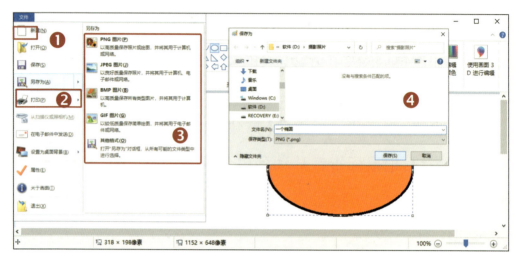

图 2-30　另存图形文件

常见的图片类型有 PNG 图片（＊．png）、JPEG 图片（＊．jpg，＊．jpeg，＊．jpe，＊．jfif）、BMP 图片（＊．bmp，＊．dib）、GIF 图片（＊．gif）等。

三、计算器

利用 Windows 10 自带计算器,可完成数据计算。

第一步:启动计算器程序。在开始菜单中,滚动鼠标轮,找到并单击❶【计算器】→启动计算器程序。此时,只需要用鼠标单击所要进行的❷计算公式,比如依次单击 1、+、1,然后单击＝(即输入了 1+1＝),就可计算出结果 2 了。单击❸模式选项【≡】→弹出模式列表,可以切换不同的❹计算器模式(图 2-31)。

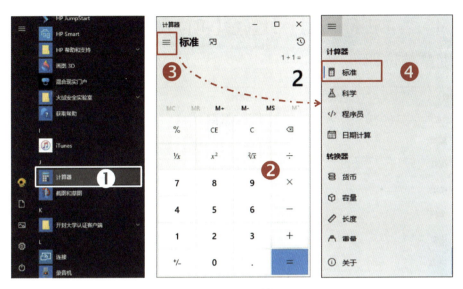

图 2-31　计算器

计算器有四个计算模式,分别为标准、科学、程序员和日期计算(图 2-32)。分别可完成各类型常用计算。

图 2-32　计算器的不同模式

计算器还可以作为【转换器】计算"度量单位"的转换值。

第二步:【转换器】中的【数据】类型计算器为例进行计算。单击【转换器】中的❶【数据】模式计算器,可以完成不同数据量的转换计算,默认 GB 转换为 MB,输入数字❷1,将看到计算结果为

1000 MB,若单击❸【GB】→打开❹【单位列表】（图2-33），选择合适的度量单位即可。

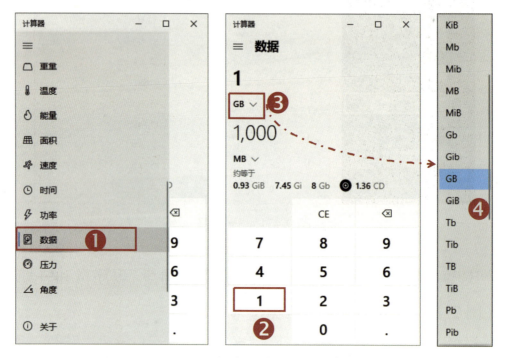

图2-33 数据模式的计算

四、截图工具

如果需要简单地截取和编辑图片，可使用 Windows 自带的截图工具。

第一步：单击【开始菜单】→打开【开始】菜单，滚动鼠标，找到并选择❶【截图和草图】→打开"截图和草图"窗口，选择窗口左上角的❷【新建】菜单右侧的 ∨ →弹出下拉列表，选择截图模式【立即截图】【在 3 秒后截图】或【在 10 秒后截图】（图2-34）。

也可以根据窗口中的提示，使用❸组合键【⊞+Shift+S】进行截图操作。

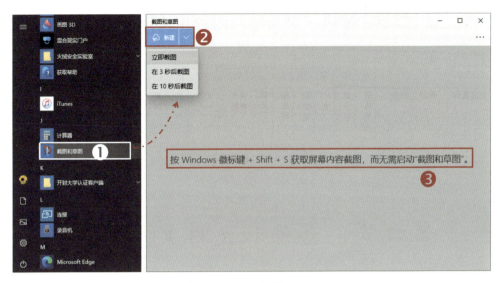

图 2-34　截图工具

第二步:选择截图后,截图界面是灰色的,鼠标指针为❶"十"字形,拖拽鼠标完成截图。截图完毕单击,返回❸【截图和草图】窗口,可对图片进行编辑(图 2-35)。

也可以先在❷中选择截图形状【矩形截图】【任意形状截图】【窗口截图】或【全屏截图】,再进行截图。

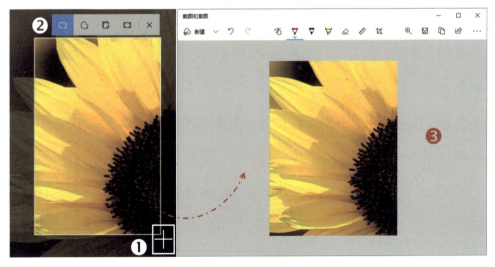

图 2-35　截图和草图

第三步：菜单中提供了对当前截图的相关操作（图 2-36）。

图 2-36　截图菜单

第四节　文件和文件夹的操作

老乐：小乐，通过前面的内容，我觉得这计算机真是太复杂了，既像一个大仓库，有很多工具，又像一个图书馆，存放了很多资料。

小乐：爷爷，您这个比喻挺贴切的。在计算机里有许许多多的文件，我们时常要对这些文件进行整理，并分类存放，使用的时候更方便。所以，几乎所有的任务都要涉及文件和文件夹的操作。

老乐：是的，我可以把我拍的照片放在一个包里，把视频放在一个包里，分门别类，找的时候就容易很多了。

小乐：您说的这个包的概念，就是文件夹，而一张照片或者一个视频就是一个文件。一个文件夹，还能包含多个子文件夹。一个文件可以按照自己的需要放在文件夹里，也可以放在子文件夹里。

一、文件与文件夹的概念

（一）文件的概念

计算机中的文件是指在存储在磁盘上的一组相关信息的集合，是包含信息（如文本、图像或音乐）的项，是计算机储存数据、程序或资料的基本单位。计算机在存放数据时，把相关的数据按一定的结构组织起来，以文件的形式存取。每个文件都有一个文件名。文件打开时，类似于桌面上或文件柜中看到的文本文档或图片。

文件名（文件夹名）一般由文件主名和扩展名两部分组成，这两部分由一个下圆点隔开。

扩展名是用来标示文件格式的一种机制。在计算机上，文件用图标表示，这样便于通过查看其图标来识别文件类型。下面是一些常见文件的扩展名和图标：.docx（Word 文档）、.xlsx（Excel 电子表格）、.pptx（Powerpoint 演示文稿）、.jpg（图片）、.bmp（位图）、.txt（文本）、.rar（WinRAR 压缩文件）、.html（网页文件）、.exe（可执行的文件）、.wav（波形声音文件）、.cda（CD 音乐格式文件）、.mp3（MP3 格式文件）、.vob（DVD 文件）等。

（二）文件夹的概念

一个磁盘上可能会存放许多文件，如果不分门别类进行存放，将来查找会很不方便，为此 Windows 采用文件夹形式来组织和管理文件,把相关的文件存放在同一个文件夹中,以便查找。一个文件夹里可以有多个文件,同时还可以包括另外的文件夹(称为子文件夹或子目录)。

文件管理采用多层次结构,或叫树形结构体系。文件夹树中每一个结点都有一个名称以供访问(图 2-37)。树的结点分成三类:树根(根文件夹,表示磁盘)、树杈结点(表示子文件夹)、树叶(表示普通文件)。

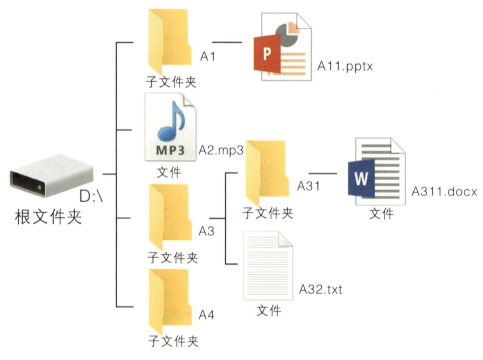

图 2-37 树形结构的文件管理

根文件夹:又称为系统文件夹,每个磁盘上都必须有一个根文件夹,也只有一个根文件夹。根文件夹是在格式化磁盘时系统自动建立的,常以"\"表示。在图 2-37 中,D 盘的根文件夹为"D:\"。

子文件夹:包含该文件夹的上级文件夹(父文件夹)中的文件

夹,子文件夹是操作人员根据需要而建立的。

在图 2-37 中,A1、A3、A4 是 D 盘根文件夹的子文件夹,A31 是文件夹 A3 的一个子文件夹。A11. pptx 是文件夹 A1 中的文件。

(三) 资源管理器

资源管理器是 Windows 系统自带的资源管理工具,利用资源管理器,我们可以查看计算机中所有的资源,特别是它的树形结构,能让我们清楚直观地认识电脑中的文件和文件夹。

双击桌面上的【此电脑】→打开"资源管理器"→单击❶【软件(D:)】(图 2-38)。

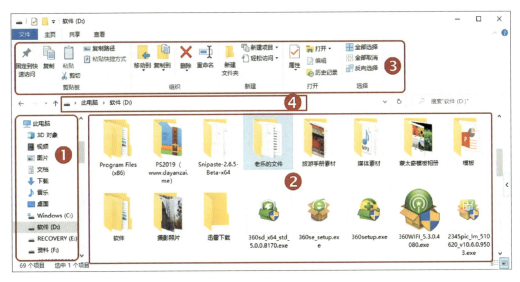

图 2-38　资源管理器

其中:❶框是导航窗格,显示的是【此电脑】的【资源管理器】的树形结构。单击❶框中的任一项,其包含的项目将显示在❷框中。图 2-38 是单击 D 盘后的显示界面。

❷框中显示的是操作对象,是❶框所选对象包含的项目,由文件夹、文件或其他项目构成。

❸框是【主页】的命令按钮,是用于对❷框所选对象进行操作的命令。

❹框是地址栏,是❷框中项目所在的位置,也就是地址。

二、浏览文件或文件夹

第一步:打开文件夹。需要双击❷中的一个文件夹,将打开该文件夹(图 2-39)。在❷选中一个文件夹,再在❸中单击【打开】按钮,也可打开所选文件夹。

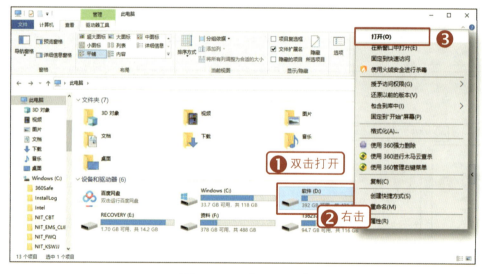

图 2-39　打开 D 盘

第二步:改变视图方式。图 2-40 是打开 D 盘中的"摄影照片"文件夹,❸是"摄影照片"文件夹中的对象,其排列方式是【列表】,可在❷【布局】中选择其他查看方式。在地址栏❶中可看到❸框中的文件或文件夹的具体路径。

第三步:排序和分组。在当前视图中,选择❶【排序方式】→打开❷排序方式列表,可选择不同的排序方式(如名称→递增)。选择❸【分组依据】→打开❹分组依据列表,可以选择不同的分组依据,如名称(图 2-41)。

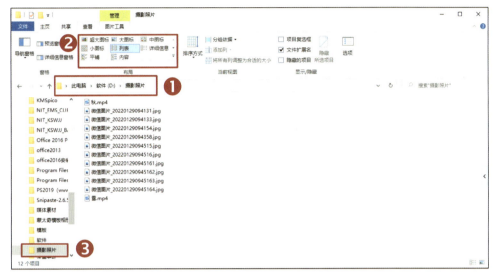

图 2-40　查看方式

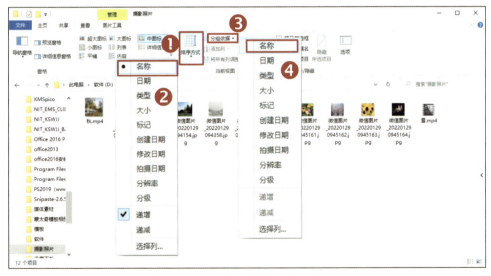

图 2-41　排序与分组方式

三、创建文件夹

第一步:创建文件夹。选择❶【主页】选项卡中的❷【新建文件夹】→将创建一个名称为【新建文件夹】的文件夹。或者❸在空白处右击,在弹出的选项中选择❹【新建】→❺【文件夹】,也可以新建文件夹(图 2-42)。

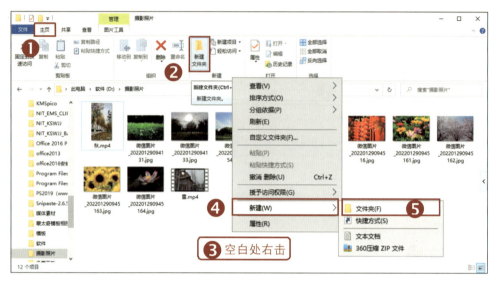

图 2-42 新建文件夹

第二步:命名文件夹。新创建的文件夹默认名为❶【新建文件夹】,并以蓝底白字的状态显示,这种状态是可更改状态,我们直接输入新的名称,如❷【风景】(图 2-43),敲回车键,完成命名操作。

图 2-43 命名文件夹

四、选中文件或文件夹

若要选中某一个文件或文件夹，可直接用鼠标单击，该对象显现浅蓝色底纹，表示被选中。

若想要选中多个连续的文件或文件夹，可用鼠标拖拽框选，如图 2-44 选中了 9 个项目。

图 2-44　拖拽鼠标选择连续的对象

或者配合 Shift 键来完成选择。首先，要选中一个开头的对象，即第一个，再左手一直按住 Shift 键，同时右手用鼠标选中最后一个对象（图 2-45）。

若要选中多个不连续的文件或文件夹，可先选中一个，然后一直按下 Ctrl 键，再选中其他的对象（图 2-46）。

图 2-45　配合 Shift 键选择连续的对象

图 2-46　选择不连续的对象

五、重命名文件或文件夹

（一）重命名单个对象

选中❶需要重命名的文件夹（或文件），在【主页】菜单中，单击❷【重命名】，所选对象的名称会变成❶蓝底白字的编辑状态，输入新的名称(图 2-47),敲回车键确认。

图 2-47　重命名文件夹

(二) 批量重命名多个对象

可同时选中多个对象,然后选择其中之一重命名,比如将名称改为❶"照片",修改后,敲回车键确认,多个对象的名称会统一修改,并自动生成❷批量名称(图 2-48)。

图 2-48　批量修改名称

六、复制、移动文件或文件夹

（一）复制文件或文件夹

第一步：先选中❶想要复制的文件（图中选中两个文件）或文件夹，在【主页】菜单中，单击❷【复制】按钮（图2-49）。

选择要复制的项目，使用键盘❸【Ctrl+C】组合键，也可以完成复制。

完成复制操作后，其内容会暂时保存于电脑系统的【剪贴板】中，我们肉眼是看不到的。

图2-49　复制操作

第二步：打开目标位置，比如"风景"文件夹（即先在导航窗格中单击❶D盘，然后依次在❷中双击文件夹"摄影照片""风景"，此时❸地址栏为D:\摄影照片\风景，也就是打开了目标文件夹"风景"）。单击【主页】菜单中的❹【粘贴】按钮完成粘贴操作。可以看到❷中复制来的两个文件（图2-50）。

选择目标文件夹,使用组合键❺【Ctrl+V】,也可以完成粘贴操作。

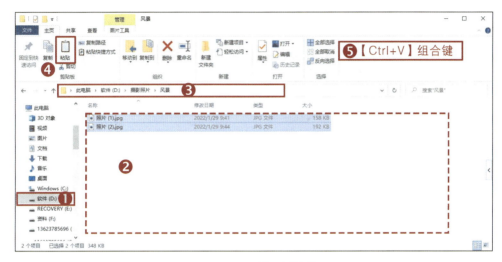

图 2-50　粘贴操作

使用【主页】菜单中的❷【复制到】按钮也可以完成【复制】操作。选中❶想要复制的两个文件,单击【主页】菜单中的❷【复制到】按钮→打开❸列表,列表中显示的是常用文件夹,选择一个文件夹,便将选中的两个文件【复制到】该文件夹中;如果均不是目标位置,可选择下方的【选择位置】→打开❹"复制项目"对话框,选择一个目标文件夹,然后单击【复制】按钮,完成复制操作(图 2-51)。

（二）移动文件或文件夹

第一步:先选择❶想要移动的项目,在【主页】菜单中选择❷【剪切】,以浅蓝色显现,完成【剪切】操作。即剪切的项目被保存在【剪贴板】中。

选择要移动的项目,使用组合键❸【Ctrl+X】,也可以完成剪切操作(图 2-52)。

图 2-51　复制到操作

图 2-52　剪切操作

第二步：打开目标位置，比如"风景"文件夹，在【主页】菜单中选择【粘贴】项，便将剪切的项目移动到文件夹"风景"中。

选择目标文件夹，使用组合键【Ctrl＋V】，也可以完成粘贴操作。

【主页】菜单的中的❷【移动到】命令，也可以完成【移动】操作。选中❶想要移动的 2 个文件，单击【主页】菜单中的❷【移动到】按钮→打开❸列表,列表中显示的都是常用文件夹,如果均不是目标位置,可选择下方的【选择位置】→打开❹"移动项目"对话框,选择一个目标文件夹,然后单击【移动】按钮,完成移动操作(图2-53)。

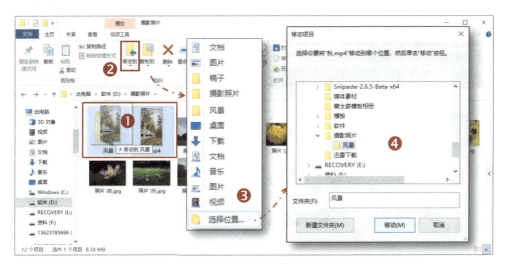

图 2-53　移动

七、删除文件或文件夹

如果某些文件或文件夹已经没用了,就可以将其删除掉。

选择❶想要删除的项目,在【主页】菜单中,单击❷【删除】→打开下拉列表,若选择❸【回收】,将该项目移动到回收站;若选择【永久删除】,则所选项目将被永久删除(图 2-54)。

若勾选【显示回收确认】,当选择【回收】时,将打开"删除文件"对话框,确认是否删除。若没有勾选【显示回收确认】,则选择【回收】时,则所选对象被直接移动到【回收站】。

选择想要删除的项目,敲【Delete】键,也可以实现删除操作。

图 2-54　删除操作

八、回收站

回收站是硬盘上的一个特殊文件夹,回收站里存放着被删除的项目,这些项目只有"还原"后才能正常使用。

双击桌面上的【回收站】图标,便打开回收站,单击【回收站工具】选项卡(图 2-55)。此时,可进行如下操作:

• 单击❶【清空回收站】按钮,便将回收站中所有的内容一次性彻底删除掉。

• 单击❶【回收站属性】→打开❷"回收站 属性"对话框,此时可以对各个磁盘的回收站空间进行重新分配。

• 单击❸【还原所有项目】,便将回收站中所有文件或文件夹还原到删除它们之前的存放位置,并成为正常的文件或文件夹。

• 选中一些想要还原的文件或文件夹,单击❸【还原选定的项目】,则这些被选中的文件或文件夹将被还原到删除它们之前的存放位置,并成为正常的文件或文件夹。

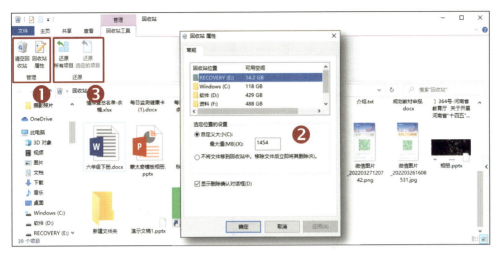

图 2-55 回收站

特别提醒:从网络位置删除的项目,从 U 盘上删除的项目以及超过回收站存储容量的项目将不被放到回收站中,而是被彻底删除,当然也就不能被还原了,所以回收站的操作需要特别谨慎。

九、搜索文件或文件夹

有些文件或文件夹时间久了,就会忘记存放位置,这时可以使用 Windows 10 的搜索功能来帮助查找。

先大概确定一个查找范围,比如某个盘的某个文件夹,在"资源管理器"右上角的❶搜索框中输入记忆中的部分名称,单击后面的搜索按钮 →,就可以得到搜索结果❷了(图 2-56)。

在"搜索"选项卡的【优化】组中,可以设置❸【修改时间】【类型】【大小】等条件,以便更准确地得到搜索结果。

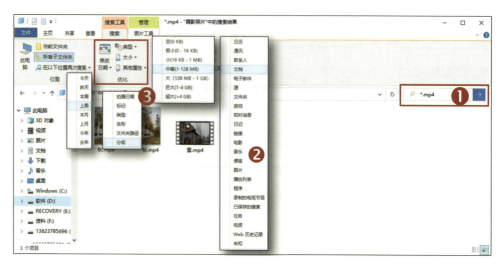

图 2-56　搜索操作

第五节　计算机操作技巧

小乐:爷爷,在使用计算机时,还有一些小技巧,让您在使用计算机时更方便快捷。

老乐:是吗?让我看看。

一、夜间模式

如果您是在夜间使用计算机,周围环境比较暗,就可以启用夜间模式,让计算机显示器也暗下来。

方法:在【开始】菜单中选择【设置】,单击【系统】→打开❶"系统"窗口,选择【显示】,将❷【夜间模式】选择为【开】(图 2-57)。

单击❷蓝色字体的【夜间模式设置】→打开❸"夜间模式设置"界面,单击【立即启用】按钮;或选择【强度】调整黑暗程度,或更改

【计划】设置夜间模式的启用时间,实现夜间模式设置操作。

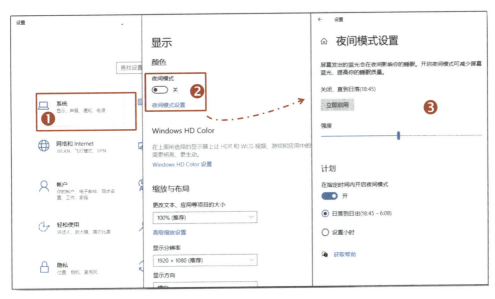

图 2-57 夜间模式

二、桌面放大镜

如果您觉得桌面上的某个东西看不太清楚时,您可以调用电脑自带的放大镜功能,实现局部放大。

方法:按下键盘上的 Windows 键【Win】不放然后再按+键。此时,桌面上的项目会出现放大效果,同时出现放大镜工具,仍按下 Windows 键不放,单击减号【-】缩小,单击加号【+】放大,单击❶【视图】→打开下拉列表→对放大镜进行❷设置(图 2-58)。

图 2-58 放大镜

在"设置"窗口中,单击【主页】,选择❶【轻松使用】→打开"设置"界面选择❷【放大镜】→打开"放大镜"窗口,可以对放大镜进行相关设置(图 2-59)。

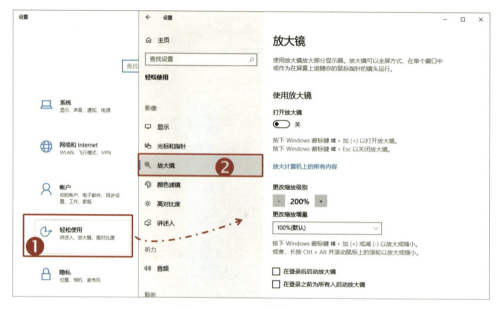

图 2-59 放大镜设置

三、分屏显示

(一) 二分屏显示

如果您希望把当前正在处理的两个窗口同时显示在桌面上,可采用二分屏法。

方法:对当前的任务窗口使用快捷键【Win】+【←】或者【→】,窗口将自动向左或者右缩小,且占屏幕一半画面,与此同时电脑会自动在另一半屏幕生成窗口视图,您可选择正在运行的其他窗口填补剩下的屏幕画面。

（二）三分屏和四分屏显示

方法:快捷键【Win】+【↑】或者【↓】,就可以将屏幕分成三个或四个工作窗口。

如果用鼠标左键拖动某个窗口到屏幕左边缘,或者右边缘,或者左上角,或者右上角,或者左下角,或者右下角,一直到鼠标指针接触屏幕边缘,会看到显示一个虚化的透明窗口,松开鼠标即可。

四、光标和指针

系统的光标和指针是可以根据自己的使用习惯来调整其大小和颜色的。

方法:在【开始】菜单中选择【设置】,单击【主页】→打开"主页"窗口,单击【轻松使用】,选择❶【光标和指针】→打开"光标和指针"窗口,可以❷【更改指针大小】和【更改指针颜色】,也可以❸【更改光标粗细】,让光标更容易分辨(图 2-60)。

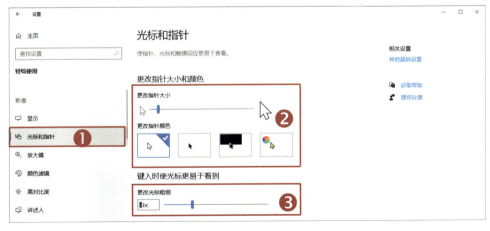

图 2-60　光标和指针

第三章
计算机常用软件

第一节　浏览器的使用

老乐：小乐啊,我想学学用计算机上网,查找一些我关注的信息。

小乐：爷爷,使用计算机上网浏览信息,跟用手机差不多,需要一个浏览器。现在比较流行的浏览器很多,像360安全浏览器、谷歌浏览器、QQ浏览器等,但是都需要下载并安装后才能使用。

老乐：这个听上去有点复杂。

小乐：爷爷,Windows 10 系统自带的有浏览器,叫 Microsoft Edge,桌面上有这个图标,用这个是很方便的。

一、Microsoft Edge 浏览器简介

Microsoft Edge 是基于 Edge HTML 的浏览器,是 Windows 10 电脑上的默认浏览器。在桌面上或开始菜单中找到 Microsoft Edge 浏览器图标,双击打开,进行网页浏览(图3-1)。

默认打开一个"新建标签页",该页由若干个板块组成。

❶地址栏。可直接在此处输入网址,打开对应网站。比如输入 https://www.xuexi.cn/,敲回车,可转到"学习强国"网站的首页,进行内容的浏览与学习。

❷新建标签。单击加号,可以增加一个浏览页面。

❸搜索栏。输入关键词进行搜索,然后在相关的搜索内容里,选择自己想要了解的内容。

❹常用网站。将一些经常访问的网址添加在此处,以便直接进行网站浏览。

❺关闭版块,整个页面的下半部分,是一些消息版块。如果对某些版块不感兴趣,单击该版块右上角的【⊗】将其屏蔽。

❻下方消息版块的内容也可通过列表中的选项,完成显示状态的设置,比如【仅标题】【内容部分可见】或【可见内容】。

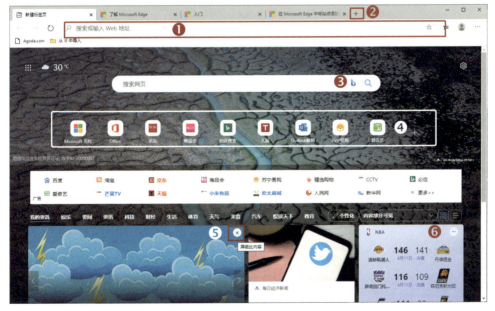

图 3-1 Microsoft Edge 浏览器【新建标签页】

二、收藏夹管理

常用的网址可放进收藏夹，并保存在自己的微软账号里，无论你在哪里使用 Microsoft Edge 浏览器，只要登录微软账号，都可以找到它们。

添加到收藏夹。如果要收藏当前【学习强国】的网站，单击当前网页地址栏后面的【添加到收藏夹】按钮❶ ☆→打开"已添加到收藏夹"对话框，给当前网页起个名字如"学习强国"，单击❷【完成】按钮，收藏完毕。那个五角星按钮会变成蓝色(图 3-2)。

图 3-2　添加到收藏夹

管理收藏夹。单击❶【收藏夹】按钮 ☆→打开❷收藏夹列表，单击❸【收藏夹】文字→打开❹"收藏夹"页面。若不再收藏某个网站，可在该名称后面单击❺【×】，将其删除。也可通过页面左下角的❻选项，对收藏夹进行管理(图 3-3)。

图 3-3　管理收藏夹

三、浏览器的设置及其他

单击网页右上角的三个点❶【…】按钮→打开❷"设置及其他"列表，可以完成新建标签页或对当前页面进行搜索等操作(图 3-4)。如单击❸【设置】→将打开"设置"页面。

图 3-4　【设置及其他】列表

在"设置"页面中,可以进行❶账号登录,修改个人信息,也可以❷更改浏览器主页或搜索引擎等设置、清除浏览历史记录和Cookie,或在设备之间同步信息等操作(图3-5)。

图3-5　Microsoft Edge【设置】页面

第二节　网盘的使用

老乐:小乐啊,我现在拍照都是用手机,可是,手机总是提示空间不足,怎么办?

小乐:爷爷,用网盘啊。您看,如果把手机上的照片存在计算机上,确实可以解决手机存储空间小的问题,但是计算机里的照片却不能随时随地地查看。所以,您可以把照片同时放在网盘里,既可以解决存储空间不足的问题,又能利用手机客户端查看,岂不是两全其美?

老乐:是啊,我手机上有你给我下载的网盘,再配合电脑端的网盘,啥问题都解决了。

小乐:那是当然!

一、微云

（一）打开微云

打开浏览器,在地址栏中输入 https://www.weiyun.com/,打开微云官方网站,可用❶【QQ 号登录】,也可使用❷【微信账号登录】,或者单击❸【下载】,进入下载电脑客户端界面进行下载(图 3-6)。

图 3-6　进入微云官方网站登录界面

（二）上传文件

单击页面左上角的❶【上传】按钮→弹出上传列表,选择❷【文件】→打开"打开"对话框,如果图片文件原来存放在桌面上,可以在❸"位置"处选择"桌面",然后在对话框中选择❹需要上传的文件(可以按着 Ctrl 键,选择多个文件),最后单击❺【打开】按钮,便将所选文件上传到微云(图 3-7)。

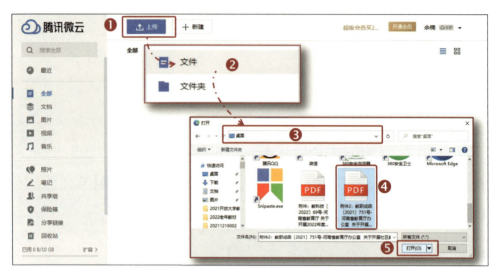

图 3-7　向微云上传文件

（三）上传文件夹

单击页面左上角的❶【上传】按钮→弹出上传列表,选择❷【文件夹】→打开"选择要上传的文件夹"对话框,比如要上传的文件夹是存放在 D 盘上的"老乐的文件",则在"位置处"选择❸（D：）盘,然后在对话框中单击❹"老乐的文件"这个文件夹,最后单击❺【上传】按钮,便将文件夹"老乐的文件"上传到微云(图 3-8)。

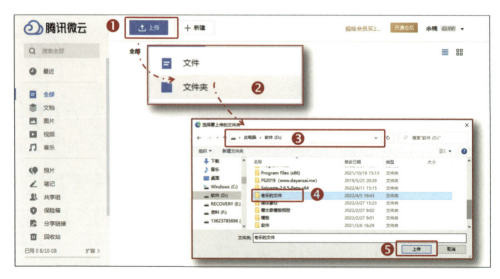

图 3-8　向微云上传文件夹

（四）查看文件

在微云的❶"全部"里，可以看到之前所上传的所有文件和文件夹，若需要分门别类地存放内容，可在左侧的❷菜单中，选择不同的类别，再上传内容，以方便后期的查找。或者单击❸【新建】，按照自己想要的类别创建目录(图 3-9)。

图 3-9　查看微云文件

（五）下载文件

选择需要❶下载的内容，可以是文件，也可以是文件夹。这里右击要下载的文件→打开快捷菜单，选择❷【下载】，系统会自动下载到默认文件夹中，同时在 Microsoft Edge 浏览器下方的❸"状态栏"中可以看到下载进度。下载完成后，可以直接点击❸中蓝色的【打开文件】按钮→将打开该文件；也可以在该文件后单击❸中的【…】按钮→弹出操作该文件的列表，常选择❹【打开】以及❺【在文件夹中显示】项(图 3-10)。

图 3-10　从微云下载文件

（六）收集文件

腾讯微云出的一个新功能"收集文件"，只要在腾讯微云上的某一个目录开启这个功能，然后把地址发给别人，别人就可以往你这个目录里面存放文件了。目录里存放的文件只有你自己才能看到。

例如，希望将他人的文件均收集在微云中"老乐的文件"目录里。❶右击目录"老乐的文件"→打开快捷菜单，选择❷【收集文件】→打开"欢迎使用收集文件功能"，单击❸【开始收集】→打开❹列表，将"收集地址"复制下来，发给他人，也可以将❹中的二维码发给他人（图 3-11）。

其他人❶打开这个网址，单击【选择文件】按钮→打开"打开"对话框，根据文件所在的位置，找到并选定某个文件，则所选文件就送往"老乐的文件"这个目录里。也就完成收集文件了（图 3-12）。

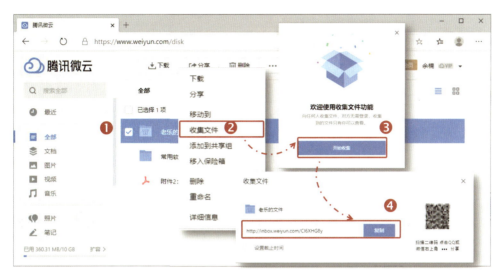

图 3-11　收集文件

图 3-12　向收集文件夹中发送文件

其他人也可以使用手机微信扫收到的二维码,点击【添加文件】,可以将手机中的文件发送到微云中"老乐的文件"这个目录里。

我们可以在微云的官网上下载电脑客户端,也可以在手机上下载微云 App 客户端。随时随地将文件保存在云盘,既可防止丢失,又方便与他人共享。

（七）下载微云客户端

若使用 Microsoft Edge 浏览器❶下载微云电脑客户端,可以看到页面会有一个自动下载的过程。下载完毕后,可单击 Edge 浏览器右上角的❷【下载】按钮→弹出下载的内容,单击❸【文件夹】图标→打开存放已下载文件的文件夹(图 3-13)。

图 3-13　下载微云客户端

如果没有图 3-13 中的【下载】按钮,可以单击网页右上角的三个点❶【…】按钮→打开列表,选择❷【下载】,同样可以找到下载的内容(图 3-14)。

图 3-14　查看下载的内容

二、百度网盘

与微云类似,百度网盘也是一个很好地在云端存放文件的工具,通过访问百度网盘官网 https://pan.baidu.com,利用❶百度账号登录(图 3-15)。

为了方便用户使用,百度网盘也可以使用❷微博账号、QQ 账号、微信账号以及手机号等方式登录。如果手机已经下载了百度网盘 App,还可以使用手机软件扫码登录。

图 3-15　百度网盘界面

进入百度网盘首页,整体布局和微云差不多。左侧可选择查看❶【首页】或【收发】,以查看网盘中的内容或收集发送网盘中的文件,通过❷选择不同的文件夹查找文件,单击❸【上传】可将电脑中的文件上传到网盘,单击【新建文件夹】,可创建新的存放位置,通过单击❹已存在的文件夹,能够查看网盘中的内容。如果盘里的文件比较多,可以通过右上角的❺搜索框查找(图 3-16)。

图 3-16　百度网盘首页

第三节　音视频软件的使用

老乐：小乐，我自己拍的录像为什么在计算机上播放不出来呢？

小乐：爷爷，视频文件类型各异，需要不同的解码方式，也有对应的播放器才能正常播放。

老乐：那怎么办呢？有没有简单易行的方法？

小乐：爷爷，用 QQ 影音吧，这是一款能播放多种格式视频和音频的软件。

一、视频文件

录像就是视频文件，而视频就是将连续的图像变化每秒超过 24 帧画面以上的连续的画面，人眼看上去是平滑连续的视觉效果。

视频技术现在已经发展为各种不同的格式以方便消费者将视

频记录下来。网络技术的发达也促使视频的记录片段以串流媒体的形式存在于因特网之上，并可以被电脑接收与播放。

因为录像就是手机、摄像机等录制的视频。不同的设备录制的视频文件的格式是不同的。要想在计算机上观看录像，就需要在计算机上安装能够将录像文件还原为视频的播放软件。

二、安装 QQ 影音播放软件

QQ 影音是由腾讯公司推出的一款支持多种格式影片和音乐文件的本地播放器，QQ 影音首创轻量级多播放内核技术，深入挖掘和发挥新一代显卡的硬件加速能力，软件追求更小、更快、更流畅的视听享受。计算机安装了 QQ 影音就可以播放录像或音乐文件了。

（一）下载 QQ 影音软件

官方网站为 https://player.qq.com，打开浏览器后，在地址栏中输入该网址，打开页面，根据当前所用计算机的系统，单击❶【Windows 版】，然后单击❷【立即下载】（图 3-17）。

图 3-17　QQ 影音官方网站

（二）安装 QQ 影音播放软件

下载后的文件是一个扩展名为 exe 的可执行文件（图 3-18），双击该❶exe 文件→进入安装状态。勾选❷【同意 QQ 影音的用户许可协议】，单击❸【快速安装】按钮。若要更改安装位置，可单击❹【自定义安装】选择安装路径。

图 3-18　安装 QQ 影音

选择【自定义安装】后，可在【安装位置】下方看到软件将要安装的路径，单击❶【浏览】可更改这个位置，更改后再单击❷【立即安装】。如果还想保留默认位置，单击❸【返回】即可进入自动安装的过程。安装完成后，会提示❹【立即体验】（图 3-19）。

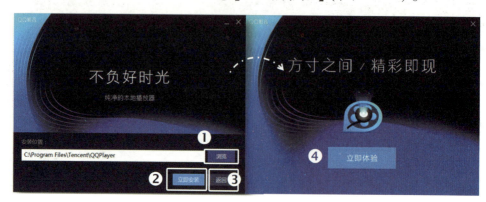

图 3-19　安装 QQ 影音

如果安装过程中有杀毒软件拦截,选择【允许】才能继续,否则程序会自动结束,也就无法完成安装了。

三、播放视频文件

方法一:在计算机中直接双击你的录像文件,会运行默认的QQ影音视频播放软件,就可以观看录像画面了。

方法二:在【开始】菜单中,找到并单击❶【QQ影音】,便运行了该软件。单击❷【打开文件】按钮→打开"打开"对话框,根据视频存放的位置找到想要播放的❸视频文件,单击❹【打开】按钮,即可播放(图3-20)。

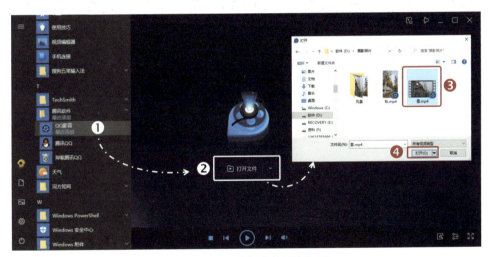

图 3-20　播放视频文件

四、播放界面介绍

QQ影音的视频播放界面由一些常用工具组成。右上角的❶按钮可以控制播放窗口的大小,分别为【迷你模式】【在最前】【最小化】【最大化】和【关闭】按钮;左下角是❷进度条以及播放时间,可拖拽进度条跳播视频;下方的❸工具按钮用来控制视频结束或暂停,右下角是❹【影音工具箱】、❺【效果设置】以及❻【全屏播放】(图3-21)。

图3-21　QQ影音界面

第四节　图像处理软件

老乐:小乐,常听有人说起P图,怎么P?

小乐:爷爷,所谓P图是指利用软件对图片进行后期处理,比如裁剪、调整亮度等等,能够让一些前期拍摄得不太满意的照片视觉效果更好。

老乐:这个很难吧?

小乐:爷爷,之所以叫P图,是因为照片处理软件最经典的是Photoshop,用首字母简称它,这个软件的确不太好掌握。但是,现在有很多比较智能的修图软件,简单、好用,而且处理图片的效果也不错,比如美图秀秀。

一、美图秀秀

美图秀秀是一款很好用的图片处理软件,拥有图片特效、美容、拼图、场景、边框、饰品等功能,可以让你一分钟做出影楼级的照片。

打开美图秀秀的官方网站 https://pc.meitu.com 即可下载该软件了。单击❶【下载中心】,根据自己所用电脑的操作系统选择版本。美图秀秀电脑端软件除支持❷微软操作系统外,还支持苹果计算机,以及国产麒麟操作系统,覆盖大多数操作系统(图3-22)。

图 3-22　美图秀秀官方网站

下载完毕后,就可以安装了。其方法与前文中的 QQ 影音安装步骤基本一样,可参考前文。

二、美图秀秀界面

打开美图秀秀的界面,可在首页看到图片处理的相关工具(图3-23),常用的有❶【美化图片】、❷【人像美容】、❸【抠图】、❹【拼图】等。

图 3-23　美图秀秀界面

三、打开图片文件

可选择某一项图片处理功能(图 3-24),在页面正中单击❶【打开图片】(或单击❷【打开】)→弹出"打开图片"对话框,选择需要处理的❸图片,单击❹【打开】按钮。

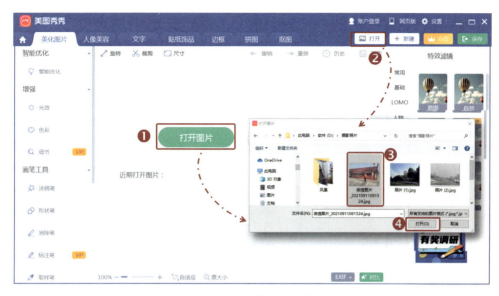

图 3-24　打开图片

四、美化图片

在美化图片功能中,可对图片进行❶【智能优化】,系统会对图片自动调整,以达到较好的效果。❷【增强】可改变图片的光效和色彩,❸【画笔工具】可对图片进行涂鸦绘画,让照片更生动有趣,在❹工具栏中可选择【旋转】改变图片方向,【裁剪】工具可以剪除部分图片,【尺寸】工具可调整图片大小,利用❺【特效滤镜】,可让图片更具艺术感。在完成了若干个调整之后,可单击❻【对比】,看到图片调整前后不同效果,最终决定是否❼【保存】(图 3-25)。

当需要对这张照片进行裁剪时,单击❹【裁剪】(图 3-25),进入裁剪界面(图 3-26)。在❶"常用大小"列表中选择需要裁剪的样式为【电商】、【证件照】、【考试照】或【比例】。此处选择【比例】中的❷【2∶3 单反相机(竖)】,图片区域出现❸裁剪框,可用鼠标拖拽❸四个角的白点或四条边的白线进行裁剪,不断调整保留区域,直到自己满意为止。此时,可单击❹【应用当前效果】,进行其他的调整,也可单击❺【保存】,将裁剪后的图片保存下来。

图 3-25　美化图片

图 3-26　裁剪图片

完成了一系列的处理之后,选择❻【对比】图 3-26 中,看一下图 3-27 的❶图片效果,如果不满意,可使用❷工具栏中的【撤销】【重做】等命令,重新进行调整。

图 3-27　美图前后对比

五、人像美容

美图秀秀是一种很好的改善人像照片的软件,我们平时如果拍出来的照片不满意,比如面部光线较暗,皮肤不够白皙,可以试着通过美图秀秀进行人像美容,得到满意的相片。

打开一张需要处理的照片后,单击❶【人像美容】选项卡→打开❷列表,通过列表中的选项,进行人像调整,也可以利用右侧的❸"一键美颜"调整照片,如果某个尝试不满意,都可以单击❹【撤销】或【重做】,甚至不保存修改的图片,重新开始设置。进行❺对比之后,满意了再保存(图 3-28)。

图 3-28　人像美容

六、拼图

如果需要将多张图片拼接成一张图片,可使用【拼图】功能。无论需要多少张图片进行拼接,都需要先打开一张图片。在选项卡中选择❶【拼图】选项,单击❷【打开图片】即可进行拼图操作了,如图 3-29 所示。下面,以免费的❸【自由拼图】【模板拼图】为例介绍拼图的常用方法。

1. 自由拼图

在"自由拼图"界面有左侧,可进行❶【画布设置】、❷【图片设置】、❸【背景设置】、❹【特效设置】、❺【排版设置】等,如图 3-30 所示。

画布设置:可通过更改宽度与高度的数值,调整画布尺寸的大小,适应自己的需要。

图 3-29

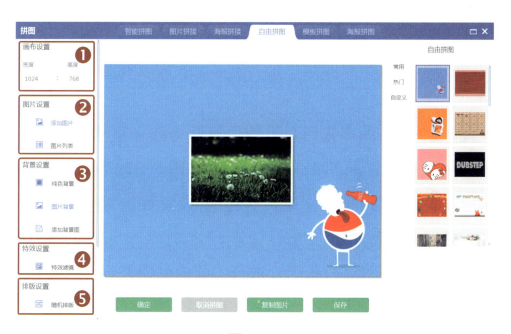

图 3-30

图片设置:可通过"添加图片",选择其他的多张图片,制作出自己想要的效果。方法是:先点击❶【添加图片】,打开❷"打开多张图片"对话框,选择图片保存的文件夹后,按 ctrl 键选择该文件夹中的其他图片,再单击❸【打开】,即可在画布上添加多张图片,如图 3-31 所示。

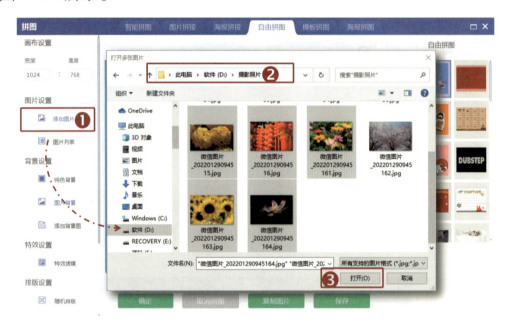

图 3-31

此时,画布上的多张图片可使用鼠标拖拽来移动,调整位置,也可使用左侧的工具,对图片进行美化,如图 3-32 所示。

背景设置:可根据软件提供的选项,设置背景为纯色、图片背景或自选背景图。

特效设置:可对某一张图片进行不同的滤镜修饰,使图片看起来更具艺术效果。

随机设置:单击"随机排版"选项,可以让多张图片随机地出现在画布上,直到呈现出自己满意的排版效果为止。

图 3-32

2. 模板拼图

选择❶【模板拼图】,并根据画布上图片的数量,选择右侧拼图的❷版式,就可以轻松地完成❸拼图了,如图 3-33 所示。

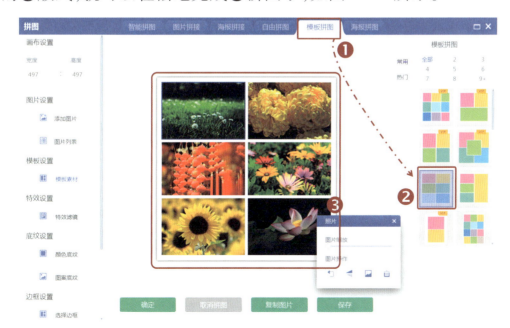

图 3-33

模板拼图完成后，还可进行边框设置。单击❶"选择边框"，右侧打开"边框样式"列表，选择自己喜欢的❷边框样式，就可以给拼图后的图片添加好看的边框了，如图 3-34 所示。

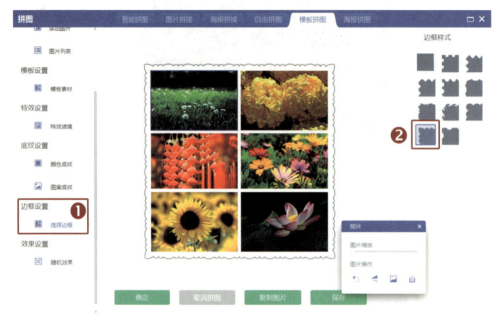

图 3-34

完成了以上的拼图操作后，可单击"确定"进入下一步的图片美化，也要单击"保存"，结束本次的图片处理工作。

第五节　微信电脑版的使用

老乐：小乐，我计算机里的图片和文件如何快速地传输到手机上？

小乐：可以用微信传输这些文件。在电脑上下载一个电脑版的微信，手机和计算机同时登录，用文件传输助手就可以了，就好像是自己给自己发信息一样。

一、微信电脑版

微信电脑版可是非常好用的工具。使用电脑版进行文字聊天,计算机上打字很显然比手机上要快很多,同样支持图片、截图、表情,实现文件互传,不管是照片、视频还是文档,都可以随时保存在计算机上,而且微信电脑版可以把聊天记录备份在电脑上,这样就不怕重要的信息丢失了。

我们同样可以在微信官方网站 https://weixin.qq.com 下载微信电脑版软件并安装。

在系统菜单里单击微信图标,或双击桌面上的微信图标,打开微信。

登录微信电脑版,需要手机 App 的配合。打开手机上的微信,利用【扫一扫】扫描电脑上的❶二维码,点击手机上绿色按钮❷【登录】(图 3-31),完成以上操作,便已成功地登录微信。

图 3-31 登录微信电脑版

以后再次在这台电脑上登录微信时,将显示上次退出账号的登录界面,单击绿色的【登录】,在手机上点击按钮【登录】,就可以登录微信了。若用其他账户登录,则需要单击【切换账号】按钮,将出现【扫码登录】界面。

二、微信电脑版界面

微信电脑版的界面和手机 App 基本一致(图 3-32),包括❶【功能菜单】、❷【历史消息】、❸【聊天记录】以及❹【发送消息框】四个部分。

图 3-32　微信电脑版界面

我们可以通过单击功能菜单中按钮,完成下表中的操作(表3-1)。

表 3-1　微信系统图标及其功能说明

图标	名称	功能
	微信头像	查看自己的微信账号
	聊天	进入聊天界面
	通讯录	可看到自己的通讯录,包括好友、群、公众号等。也可以通过【新的朋友】按钮来添加好友
	收藏	可以浏览自己收藏的图片、视频、文件等
	聊天文件	可以浏览或打开好友以前发送来的文件
	朋友圈	可以查看与分享好友朋友圈上发表的文字和图片等信息
	视频号	可以浏览不同账号发布的图片、视频等短内容,用户可关注视频号,并通过点赞、评论等形式进行互动
	看一看	可以发现好友最近在看的文章和视频
	搜一搜	用来搜索朋友圈、文章、公众号、小说、音乐、表情等
	小程序面板	可查看最近使用过的小程序,或搜索小程序
	手机	手机正在浏览和浮窗的内容将会在此展示。也可选择【文件传输助手】传输文件
	设置	弹出微信【设置】界面,此时可以进行【消息通知】等设置,而单击【退出登录】按钮,则退出微信

三、与好友聊天

（一）发送文字或表情

单击❶【聊天按钮】,进入聊天界面,在❷好友或群列表框中单击任一好友,便可以与该好友聊天(图 3-33)。在❸消息框中,可查看聊天记录。可在❹工具栏中选择表情、文件、截屏以及聊天记录。在❺输入信息框中,可以输入向好友发送的信息或表情等,单击❻【发送】按钮或敲回车键,完成信息的发送。

在❼搜索框中输入文字,便可以在❷列表框中看到包含该文字的信息或好友,单击找到的信息或好友,就可以浏览或与该好友进行聊天了。

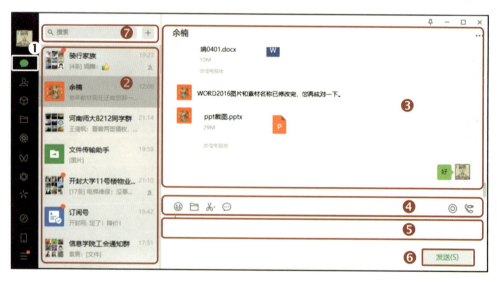

图 3-33　与好友聊天

（二）发送文件或图片

方法一:选中想要发送的文件或图片,利用组合键【Ctrl+C】(或右击选择【复制】)进行复制,然后在图 3-33 的❺发信息框处单击,使用组合键【Ctrl+V】(或右击选择【粘贴】),将文件或图片粘贴到❺发送消息框中,再单击【发送】按钮或敲回车键,完成文件或图片的发送。

方法二:单击文件按钮 📁 →弹出"打开文件"对话框,选中想要发送的文件,单击【发送】按钮或敲回车键,完成文件的发送。

如果想在自己的手机与自己的电脑之间传递文件,可以把文件发送给"文件传输助手"。

(三) 发送截屏

截屏就是截取屏幕的一部分(或全屏)生成图片。

第一步:使用组合键【Alt+A】(或单击截图按钮 ✂),拖拽鼠标❶截图区域,除需要保留的图像区域外,其他均变成灰色背景(图3-34),截图完毕后,可调整截取框边沿调整保留区域,使用❷工具按钮中的工具,可以对截图区域进一步设置,比如标注横线,添加文字,另存为图片等。

图 3-34　微信截屏

第二步：单击（图 3-34）❷中的完成按钮 ✓，完成截屏操作，按回车键，完成截屏图片的发送。若需要取消截图，可单击❷中的退出按钮 ✗。

四、备份与恢复

在手机版微信中，聊天记录被删除后，是无法找回的，但旧的聊天记录太多会占用大量的手机内存。所以，我们可以使用电脑端进行聊天备份，毕竟电脑的硬盘空间要比手机大很多。

单击系统菜单中的❶更多按钮→弹出列表，选择❷【备份与恢复】→打开"备份与恢复"对话框，选择❸【备份聊天记录到电脑】，或者【恢复聊天记录到手机】（图 3-35），完成备份或恢复操作。备份需要手机端微信的配合。

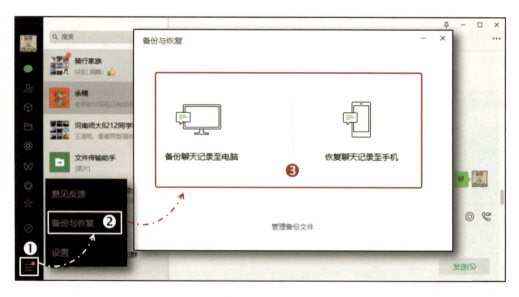

图 3-35　备份与恢复聊天记录

第六节 QQ 和 QQ 游戏软件的使用

老乐：小乐，以前常在一起下象棋的朋友去外地，我已经很长时间没下过象棋了。

小乐：试试网上游戏吧，用电脑下棋，跟您的朋友们约个时间线上比试比试呗。

老乐：是吗？来来来，快跟我说说怎么玩？

小乐：咱用 QQ 游戏吧。

一、QQ 电脑版

自诞生至 2022 年，QQ 已经 23 岁了。从 1999 年的 OICQ 发展到今天的 QQ，那只可爱的小企鹅见证了中国互联网即时通信工具的飞速发展。

QQ 下载的官方网站的地址是：https://im.qq.com/download，我们可以根据自己计算机的操作系统进行下载并安装。与微信不同的是，在 QQ 电脑端和手机端 QQ 是独立的，也就是说使用 QQ 无需手机端的配合，所以使用 QQ 前需要❷注册一个 QQ 号码（图3-36）。

进行注册页面后，只需要按照网页的提示，填写❶相应的内容，然后单击❷【立即注册】（图3-37），就可以拥有自己的 QQ 账号了。

图 3-36　QQ 官方网站

图 3-37　注册 QQ 号码

　　注册成功后,运行 QQ 程序,输入❶QQ 号码和密码,单击【登录】,或者使用 QQ 手机端扫码,均可打开❷QQ 的界面(图 3-38)。

　　单击 QQ 界面下方的❶加好友/群头像图标,可打开❷"查找"对话框,根据好友的 QQ 号码或群号进行查找,可以找人、找群、找主播、找课程和找服务(图 3-39)。

图 3-38　登录 QQ

图 3-39　添加好友

　　因为 QQ 是腾讯公司旗下软件,所以,通过 QQ 可以添加腾讯公司的软件到主界面,方便选取使用,比如 QQ 游戏。可通过 QQ 右下角的❶【应用管理器】图标,打开【应用管理器】窗口(图 3-40),选择 QQ 游戏,选择❷【添加】即可。

117

图 3-40　添加 QQ 游戏

　　添加 QQ 游戏后,在 QQ 界面的下方面板就可以单击❶QQ 游戏图标,快速进入 QQ 游戏的界面了。初次使用,系统自动打开在线安装,单击❷【安装】,打开 QQ 游戏安装界面,勾选❸用户协议,单击❹【快速安装】(图 3-41),便将 QQ 游戏安装到计算机上。

图 3-41　安装 QQ 游戏

二、QQ 游戏大厅

QQ 作为即时通信工具,其使用方法与微信基本相同,而且还具备更加丰富的游戏娱乐功能。腾讯公司推出的综合性休闲网络游戏包括斗地主、麻将、中国象棋等,深受广大用户的欢迎。

首次进入游戏,需要在"提示"界面勾选❶【我已仔细阅读并同意】,再单击❷【同意】按钮,才能顺利进入 QQ 游戏大厅。进入游戏大厅后,就可以根据自己的兴趣,选择不同的游戏了。在上方的❸搜索框中输入游戏名称,进行搜索,也可以在左侧的❹游戏列表中选择游戏(图 3-42)。

图 3-42　登录 QQ 游戏大厅

三、新中国象棋

中国象棋在中国是一种流传十分广泛的游戏。下棋双方根据自己对棋局形式的理解和对棋艺规律的掌握，调动车马，组织兵力，协调作战，在棋盘进行着象征性的军事战斗。

（一）游戏规则

中国象棋的时间设置包括【局时】【步时】与【读秒】，玩家在下棋过程中，首先进行【局时】与【步时】的计算。在局时超时之前，每一步走棋必须在【步时】限定之内走完一步棋子，在走下一步棋的时候，【步时】重新进行计算。当【局时】超时以后，【局时】停止计算，玩家必须在【读秒】规定的时间之内走完一步棋。【步时】与【读秒】的超时都会引起棋局结束，超时者判输。

对局中，出现下列情况之一，本方算输，对方赢：己方的帅（将）被对方棋子吃掉；己方发出认输请求；己方走棋超出步时限制；己方超时；己方逃跑。

如果棋局在两步之内结束（不包括两步），双方都不会计算分数。如果走棋两步或两步以上，有一方超时、逃跑导致棋局结束，那么超时、逃跑的一方被判输，另一方判赢。分数按照正常输赢的公式进行计算。被判输的一方失去分数，另外一方得到分数。

（二）进入游戏室下中国象棋

第一步：进入"新中国象棋"界面后，单击❶【游戏规则】查看相关的网络游戏规则。而单击黄色按钮❷【快速开始】，系统会自动将你分配到某一个棋局。单击❸中任一列表项,可以选择不同的区域进行游戏(图 3-43)。

图 3-43　新中国象棋

第二步:当选择了一个房间进入对局室时(图 3-44),可单击❶某一个空位,打开棋盘,单击棋盘下方的❷【开始】,等待自己的对手进入。当对方也单击【开始】后,按照红先黑后的规则,就可以尽情厮杀了。

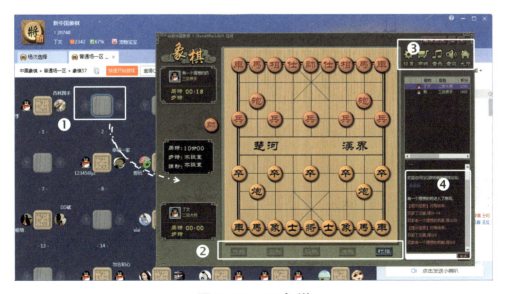

图 3-44　下象棋

在下棋过程中,可以通过单击【求和】【认输】或【悔棋】按钮,等待对方应答。右上角的❸工具里可以开启或关闭【音乐】和【音效】,右下角的❹对话区域,可以在下棋的同时与对方进行文字交流。

第三步:棋局结束之后,可以再次单击【开始】按钮,再下一局棋。

第四步:关闭棋局。单击按钮 ❎ ,关闭窗口,则退出本次对局。此时可选择下一个对手或结束新中国象棋游戏。

四、大众麻将

大众麻将为四人游戏,发牌后,轮流抓牌、出牌、吃、碰、杠,最先和牌的为胜利者。特点是和牌时可以组成花样繁多的各种番型,具有很强的竞技性和观赏性。

(一)安装大众麻将

在游戏大厅的❶搜索框中输入"大众麻将",单击搜索按钮 🔍 ,看到搜索结果,单击❷【开始游戏】按钮(图 3-45),系统将自动下载并自动完成该游戏的安装。

图 3-45 大众麻将游戏界面

（二）进入游戏室

第一步:单击❶【快速开始】按钮,系统将快速进入麻将界面,也可在左侧区域❷列表中选择不同的房间,单击❸【游戏规则】,可查看大众麻将的相关游戏规则(图3-46)。

图3-46　进入大众麻将游戏界面

第二步:进入某房间或元宝区,单击有❶空位的桌子,便可以❷坐下来打麻将了(图3-47)。

图3-47　开始打麻将

第三步：本局结束之后，选择【再来一局】，可以继续打麻将。

第四步：结束游戏。单击关闭按钮 ，将关闭窗口，结束游戏。

第七节　360软件的使用

老乐：小乐，我感觉计算机越来越慢，而且上网的时候，不时会有乱七八糟的广告弹出来，很讨厌！

小乐：爷爷，网络上的信息真真假假，良莠不齐，您可要提高警惕，谨防上当受骗啊。

老乐：有没有什么好方法来处理这些问题？

小乐：最好的办法还是靠自己的判断，不轻易相信网络，天上是不会掉馅饼的。当然，定期使用杀毒软件，也能在一定程度上保护个人隐私，修补系统漏洞，提高计算机的安全性能。

一、360安全卫士

360安全卫士是一款由奇虎360公司推出的功能强、效果好、受用户欢迎的安全杀毒软件。360安全卫士拥有查杀木马、清理插件、主页修复、修复漏洞、勒索病毒防御、电脑体检、电脑救援、保护隐私、广告拦截、清理垃圾、清理痕迹等多种功能。

可通过360官方网站 https://www.360.cn 下载并安装360安全卫士。安装完成后，360安全卫士的图标 会出现在屏幕右下角的通知区域，只需要单击软件图标即可打开360安全卫士的界面。

单击❶【立即体检】,电脑会进行自动扫描的进程,最终给出❷分值,并告知❸不安全因素,可单击❹【一键修复】,让电脑充满活力(图3-48)。

图3-48　360安全卫士界面

选择窗口上方的❶【木马查杀】,单击❷【快速查杀】,可进行❸查杀木马病毒的工作(图3-49)。

图3-49　木马查杀

选择窗口上方的❶【电脑清理】,单击❷【一键清理】,可进行❸电脑清理的工作(图3-50)。

选择窗口上方的❶【系统修复】,单击❷【一键修复】,可进行操作系统的❸修复与打补丁的工作(图3-51)。

图 3-50　电脑清理

图 3-51　系统修复

选择窗口上方的❶【优化加速】,单击❷【一键加速】,可进行❸智能扫描(图 3-52),让电脑性能达到最优,提高电脑运行速度。

图 3-52　优化加速

选择窗口上方的❶【功能大全】,单击❷【弹窗过滤】,开启弹窗过滤功能,可在❸360 弹窗过滤器中查看已经被拦截的弹窗广告(图 3-53)。

图 3-53　功能大全

使用【软件管理】,可以完成软件的下载、安装、升级与卸载操作。

运行 360 安全卫士的任何一项工作时,电脑会变慢,这是正常现象。

二、360 杀毒

360 杀毒是中国用户量最大的杀毒软件之一,且是完全免费的杀毒软件。可通过 360 杀毒官方网站 https://www.sd.360.cn 下载并安装 360 杀毒软件。

安装完成并运行后,360 杀毒的图标 会出现在屏幕右下角的通知区域,只需要单击软件图标即可打开 360 杀毒的界面(图 3-54)。单击❶【全盘扫描】,可对整个电脑中所有的存储位置扫描,如果电脑硬盘较大,而且存放文件较多,全盘扫描的时间会相对较长。单击❷【快速扫描】,系统会选择一些关键位置扫描查杀,这种扫描的方式耗时较短。

图 3-54　360 杀毒

第四章
Word 2016 文字处理

第一节 初识 Word 软件

老乐:小乐,我帮社区草拟了一份《全民阅读倡议书》,是用计算机自带的记事本录入的,但是,好像记事本的功能太少了,排版不太方便。

小乐:爷爷,记事本只能录入文本内容,如果想要添加图片、表格之类的内容,可以使用文字处理软件来编辑,比如微软开发的 Word。

老乐:难不难掌握?

小乐:我们就从您的这份倡议书入手,开启与 Word 2016 的初次见面吧?

一、Word 2016 软件简介

Word 是用来进行文字编辑、排版,实现图文混排、制作图文并茂文档的应用软件,由美国微软(Microsoft)公司出品。使用 Word

2016 可以高效率地处理各种办公文档、商业资料、科技文章以及各类书信,可以创建出类拔萃的文档。Word 是 Office 套装软件中使用频率很强的一个组件,可以即时共享文档,在不同的设备和平台上访问工作信息,实现了实时合作编辑功能,更快、更轻松地完成任务。运用 Word 能够制作出具有专业水准的文档,主要体现在以下几个方面:文字编辑功能,表格处理功能,文件管理功能,版面设计功能,制作 Web 页面功能,拼写和语法检查功能,强大的打印功能和兼容性。

我们可以用它完成日常的文字处理工作,诸如记日记、写总结、编书稿等,通过软件提供的各种工具,形成图文并茂的漂亮文稿(图 4-1)。

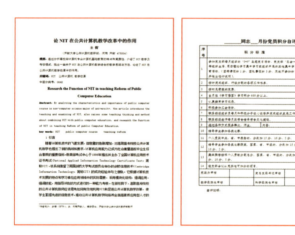

图 4-1　各类 Word 文档

二、启动 Word 2016

第一步:在系统的开始菜单中找到❶【Word 2016】,单击即可启动,此时可创建一个空白的 Word 文档。如果需要经常使用

Word 2016,还可将 Word 2016 拖拽到❷磁贴处(图 4-2),使用时,直接单击磁贴中的 Word 2016 就行了。

图 4-2　启动 Word 2016

　　第二步:在【文件】选项卡中,单击❶【新建】命令→打开新建文档窗口,选择❷【空白文档】,将创建一个空白文档(图 4-3)。

图 4-3　创建空白文档

三、编辑内容

启动了 Word 2016 之后，我们会看到一块白色区域，就像一张白纸，左上角有一个光标闪烁点，这个位置就是文字录入的起始位置，想输入什么就可以输入些什么了。

Word 2016 有"即点即输"的功能，也就是说，我们可以通过在"白纸"上双击来确定文字录入的位置。比如准备输入文章标题，可在第一行中间位置双击，这时，光标闪烁点就会出现在第一行中间的位置，选好自己习惯的输入法，就可以开始"创作"了。

如果文字内容已经在记事本中编辑好了，可以打开记事本，选择全部文字内容，右击所选文字→弹出右键菜单，单击❶【复制】；鼠标移动到 Word 中，右击→弹出右键菜单，选择❷【粘贴】，就可以直接将所选文字复制粘贴过来（图 4-4）。

图 4-4　复制文本

四、保存文档

第一步：单击左上角的【文件】菜单→打开列表，在列表中选择❶【保存】或者【另存为】，都将显示"另存为"界面。此时，可以选择❷【这台电脑】或【浏览】进行保存。点击❷【这台电脑】→显示最近使用过的文件夹，方便快速选择保存位置，然后再打开❸"另存为"对话框。若点击❷【浏览】→直接打开❸"另存为"对话框（图 4-5）。

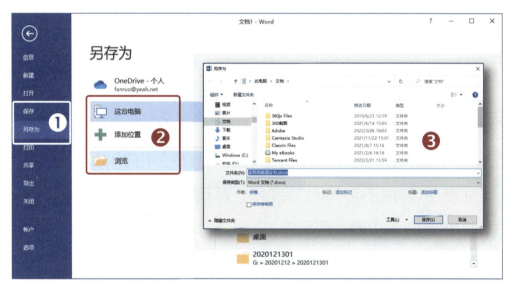

图 4-5　保存文档

我们需要选择❶文档的保存位置，在❷"文件名"文本框中，系统自动以文档的第一行文字"全民阅读倡议书.docx"作为默认文件名，也可在此输入所需要定义的文件名，系统默认该文件为 Word 格式文档，其扩展名默认为.docx，单击❸【保存】按钮保存该文档（图 4-6）。

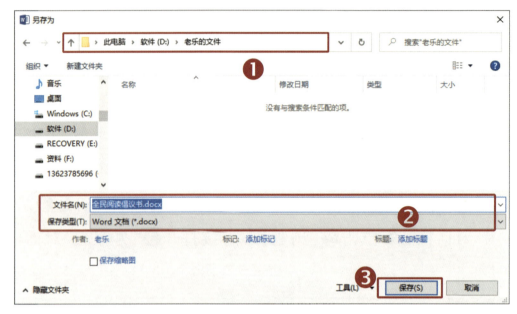

图 4-6　保存文档

使用计算机要养成随时保存各类文件的习惯，以免突然断电或计算机死机造成文件丢失。对前面已保存过的文档再次存盘时，只需单击界面左上角的【快速访问工具栏】中的【保存】按钮，系统即直接存盘，而不再显示"另存为"对话框。

使用图 4-5 中❶【另存为】选项，可完成对已经保存的文档更改文件名、更改存放位置、更改保存类型等的操作。

第二节　Word 操作界面介绍

老乐：小乐，这份倡议书的内容已经完成了，但是，Word 界面看上去挺复杂的。

小乐：爷爷，古人云：工欲善其事，必先利其器。这操作界面看似复杂，但是当我们庖丁解牛般将其分解，其实很好掌握的。

Word 2016 窗口（图 4-7）由快速访问工具栏、标题栏、功能区、文档编辑区、状态栏等构成。

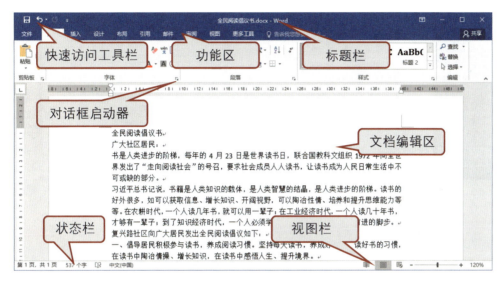

图 4-7　Word 界面

一、快速访问工具栏

快速访问工具栏位于整个窗口的左上角，也可根据自己的使用习惯将其放置在功能区下方。默认状态下快速访问工具栏包含处理文档时频繁使用的【保存】、【撤销】和【重复】3 个命令按钮以及【自定义快速访问工具栏】按钮。

自定义快速访问工具栏的方法如下：

选择【文件】中的❶【选项】命令→弹出"Word 选项"对话框（图 4-8），选择❷【快速访问工具栏】选项，可以添加或删除快速访问工具栏中的项目。

图 4-8 "Word 选项"对话框

二、标题栏

标题栏位于窗口的最上方,由文档名称(打开 Word 软件时默认文档名称为"文档1")、程序名称、最小化、最大化或【还原】按钮以及【关闭】按钮构成,其中❶【功能区显示选项】按钮(图 4-9),可控制下方的功能区的显示状态。

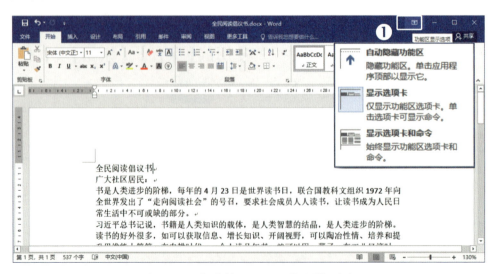

图 4-9 "功能区显示选项"列表

三、功能区

功能区位于标题栏下方,功能区是由"文件""开始""插入""设计"等多个默认的选项卡和【告诉我您想要做什么】搜索框组成。

单击选项卡的名称将切换到与之相对应的功能区面板。每个选项卡根据其功能分为若干个"组","开始"选项卡包含了"剪贴板""字体""段落""样式"和"编辑"5 个组,每个"组"由若干个命令按钮组成(图 4-10)。

图 4-10　Word 2016 功能区

如果想自定义主功能区,可以在"Word 选项"对话框中,选择❶【自定义功能区】选项,打开自定义功能区界面(图 4-11)。勾选右侧图中的选项卡❷复选框,将显示该选项卡,否则将隐藏该选项卡。

【告诉我您想要做什么】搜索框具有非常神奇的帮助功能。在使用 Word 的过程中,有什么问题解决不了,可以在搜索框中输入该问题的描述即可。比如,想要显示标尺,直接输入标尺就可以直接显示或隐藏标尺了。此项操作的快捷键为【Alt+Q】。

功能区最右端是【登录】与【共享】,可以将文档保存在云上,实时进行文档合著功能,实现多人同时编辑同一个文档。

图 4-11　自定义功能区界面

四、对话框启动器

"对话框启动器"按钮 🔲 位于某些组的右下角,用于打开该组所对应的功能对话框。例如,在"开始"选项卡中,单击"字体"组中的❶对话框启动器按钮 🔲,将弹出❷"字体"对话框(图 4-12)。

图 4-12　"字体"对话框

五、额外选项卡

额外选项卡位于功能区。当选定一个对象,如选定❶形状、艺术字或文本框时,在其他选项卡右侧会出现额外的选项卡。图4-13是选定一个形状后显示的❷额外选项卡"绘图工具-格式",该选项卡显示了用于处理所选形状的几组命令。

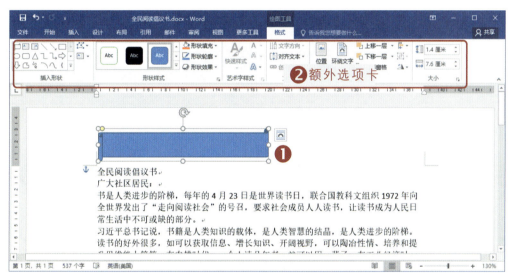

图4-13　【绘图工具-格式】额外选项卡

六、浮动工具栏

浮动工具栏位于所选文本的右上方(图4-14)。在编辑区中选定❶文本后,❷浮动工具栏就会出现。单击浮动工具栏上的命令按钮,可执行相应命令。

图 4-14　浮动工具栏

七、状态栏与视图栏

状态栏位于窗口的最下方（图 4-15），可以显示❶文档页数、总字数、检错结果以及输入状态等；也可以在该状态栏上右击，在弹出的❷快捷菜单中选择显示其他信息。

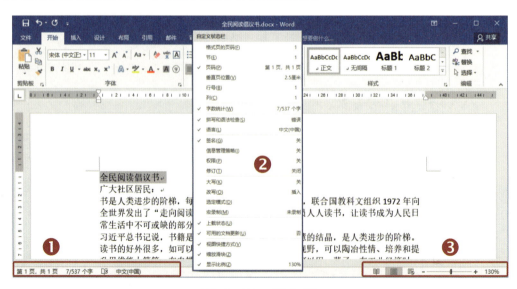

图 4-15　状态栏

❸视图栏位于状态栏的右侧,用于显示视图按钮、当前页面显示比例以及显示比例调整滑块。视图按钮从左到右分别为阅读视图、页面视图、Web 版式视图三种视图方式。

八、文档编辑区

文档编辑区是 Word 2016 最大的区域,也就是前文提到的那张"白纸",是进行文字输入、编辑、修改、图片处理等操作的区域。

第三节　文本的编辑

老乐:小乐,Word 2016 的确有点复杂,这界面让我有点不知所措。

小乐:爷爷,万事开头难,刚开始接触肯定会有很多困难,但我相信您一定没问题。而且,界面上的那些工具,也不是每次都会用到,慢慢就能掌握了。

老乐:对,熟能生巧!

小乐:把您写好的《全民阅读倡议书》用 Word 简单编辑一下吧。

一、文本编辑操作

(一) 选择内容

要对文本进行编辑,应首先选定被编辑的对象,然后才能进行编辑操作。表 4-1 给出了使用鼠标选定内容的操作方法。

表 4-1　使用鼠标选定内容的操作方法

选定文本	鼠标操作方法
任何数量的文本	拖动鼠标指针经过这些文本
一个词组	双击该词组
一个句子	按住 Ctrl 键,同时在该句的任何地方单击
一行文字	将鼠标指针移向某行左侧,当指针变为向右上箭头时单击
多行文字	将鼠标指针移某行左侧,当指针变为向右上箭头时向上或向下拖动
一自然段文字	将鼠标指针移向该段任一行左侧,当指针变为向右上箭头时双击,或指针指向该段任一地方三击
整篇文字	将鼠标指针移向该段任一行左侧,当指针变为向右箭头时三击
纵向区域	按住键盘上的 Alt 键不放,再向右下进行拖动
一个公式或图形	单击该公式或图形

（二）插入操作

用鼠标或键盘将光标"Ι"移到欲插入点单击,输入要插入的文字。

系统默认的输入方式为插入方式,即输入的文字符号等内容都被插入光标处,若光标后有内容,其内容将自动后移。

（三）删除操作

若只删除一个或几个汉字字符,可将光标移到被删除的字符左侧,按一次 Delete 键即删除光标后的一个字符;若将光标移到被删除字符的右侧,按一次 Backspace 键,则删除光标前面的一个字符。

若要删除的是一行或一段文字、一个公式或一个图形等内容,应首先选定被删除的内容,然后再按 Delete 键或 Backspace 键。

选定的内容被删除后,其后的文本将自动向前衔接。

（四）移动文本

对文档进行编辑时,常常需要对一些文本进行复制或移动,利用"剪贴板"组中的【剪切】、【复制】、【粘贴】按钮可以实现以上操作。

"剪贴板"是 Windows 系统提供的一块专用于编辑的内存区域,是一个标准的公用接口,不同的应用程序之间都可以利用剪贴板交换信息。剪贴板存放的始终是最后一次复制或剪切的信息,剪贴板上的信息可以多次被粘贴使用。

移动文本的方法是:选定要移动的对象,在【开始】选项卡的"剪贴板"组中,单击【剪切】按钮 ,然后将光标定位目标处,再单击【粘贴】按钮 ,即可实现文本的移动。也可用【Ctrl+X】完成剪切,【Ctrl+V】完成粘贴。

（五）复制文本

对于需要多次重复输入的文本,可以通过【复制】和【粘贴】来完成,从而可以提高编辑效率。

复制和粘贴的操作方法是：选定被复制的对象，在"开始"选项卡的"剪贴板"组中，单击【复制】按钮 📋复制，然后将光标定位在目标处，再单击【粘贴】按钮 📋，实现了所选文本的复制粘贴操作。也可用【Ctrl+C】完成复制，【Ctrl+V】完成粘贴。

（六）撤销操作与恢复操作

在文档的编辑过程中，若对某个或多个编辑操作不满意，想回到操作之前的状态，就要用到撤销操作和恢复操作。

1. 撤销操作

Word 对打开的文档所做的每一个操作动作，都被系统记录下来，若单击快速访问工具栏中的【撤销】按钮 ↩，则上一次的编辑操作即被撤销，再次单击【撤销】按钮，则更上一次的操作被撤销……直至本次打开文档所做的操作被全部撤销。也可用【Ctrl+Z】完成撤销。

在【撤销】按钮的右侧有一个下拉列表按钮 ▾。单击该按钮，可以看到全部已操作的列表。单击其中的某一操作项，则该操作以后的全部操作都被撤销。

2. 恢复操作

恢复操作是相对撤销操作而言的，若未做撤销操作，则不存在恢复操作，此时【恢复】按钮 ↻ 呈淡色，当鼠标指针指向该按钮时，注释显示【无法恢复】。一旦做了一步或多步撤销操作，【撤销】按钮的颜色由淡变深，此时单击一次【撤销】按钮，则最近一次的撤销操作将被恢复。也可用【Ctrl+Y】完成恢复。

二、字体设置

字体的设置主要包括字形、字号、颜色等格式,常用的字体设置工具均在"开始"选项卡的❶"字体"组中,也可以通过打开"字体"对话框来完成设置,在"字体"对话框中有两张选项卡,分别为❷"字体"和❸"高级"(图 4-16)。

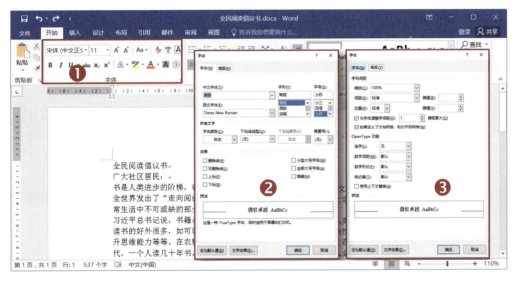

图 4-16 字体对话框

"开始"选项卡的"字体"组的命令按钮及功能见表 4-2。

表 4-2 "字体"组的命令按钮及功能

命令	名称	功能
宋体	字体文本框	设置或更改字体(快捷键为【Ctrl+Shift+F】)
五号	字号文本框	设置或更改字号(快捷键为【Ctrl+Shift+P】)
A	增大字体	增大字体(快捷键为【Ctrl+>】)
A	缩小字体	缩小字体(快捷键为【Ctrl+<】)

续表 4-2

命令	名称	功能
Aa ▾	更改大小写	将所选英文字母更改大、小写
A	清除格式	清除所选内容的所有格式,只留下纯文本
wén 文	拼音指南	显示拼音字符以明确发音(该功能需要配合微软拼音输入法使用)
A	字符边框	在一组字符周围应用边框或取消外框的切换按钮
B	加粗	文字加粗或正常的切换按钮(快捷键为【Ctrl+B】)
I	倾斜	文字倾斜或正常的切换按钮(快捷键【为 Ctrl+I】)
U ▾	下划线	给所选文字加下划线或取消下划线的切换按钮(快捷键为【Ctrl+U】)
abc	删除线	在所选文字的中间画一条删除线或取消删除线的切换按钮
x₂	下标	在文本行左下方设置为(下标)或取消下标的切换按钮(快捷键为【Ctrl+=】)
x²	上标	在文本行右上方设置为小字符(上标)或取消上标的切换按钮(快捷键为【Ctrl+Shift++】)
A ▾	文本效果	通过更改文字的填充、边框更改文字的外观
aby	突出显示文本	以不同颜色突出显示文本,使文字看上去像使用了荧光笔一样

续表 4-2

命令	名称	功能
A·	字体颜色	设置或更改字体颜色
A	字符底纹	为所选字符添加行底纹或取消行底纹的切换按钮
㊛	带圈字符	在字符周围放置圆圈或边框加以强调

"字体"对话框中【字体】选项卡的功能详细介绍见表 4-3 与表 4-4。

表 4-3 "字体"对话框中【字体】选项卡的功能

名称	功能
中文字体	指定中文字体。在下拉列表框中,选择一个字体名称
西文字体	指定西文字体。在下拉列表框中,选择一个字体名称
字形	指定字形,如加粗或倾斜。在下拉列表框中,选择字形
字号	指定以磅为单位的字号。在下拉列表框中,选择字号
字体颜色	指定所选文字的颜色
下划线线型	指定所选文字是否具有下划线以及下划线的线型。选择"无"选项可删除下划线
下划线颜色	指定下划线的颜色。在应用下划线线型之前,该选项为不可用状态
着重号	单击它可以对要添加到所选字符串的着重号的类型进行设置

续表 4-3

名称	功能
删除线	绘制一条贯穿所选文字的线
双删除线	绘制一条贯穿所选文字的双线
上标	将所选文字提到基准线上方,并将所选文字更改为较小的字号
下标	将所选文字降到基准线下方,并将所选文字更改为较小的字号
小型大写字母	将所选小写字母文字的格式设置为大写字母,并减小其字号
全部大写字母	将小写字母的格式设置为大写
隐藏	不显示所选文本
预览	显示指定的字体和任何文字效果
设为默认值	将当前值设置为当前文档以及基于当前模板的所有新文档的默认设置

表 4-4 "字体"对话框【高级】选项卡

名称	功能
缩放	按当前大小的百分比垂直或水平拉伸或压缩文本。输入或选择 1~600 之间的百分比
间距	增加或减小字符之间的间距。在【磅值】文本框中输入或选择一个数值

续表 4-4

名称	功能
位置	相对于基准线提升或降低所选文本的位置。在【磅值】文本框中输入或选择一个数值
设为默认值	将当前值设置为当前文档以及基于当前模板的所有新文档的默认设置

第一步:设置标题字体,样式为"黑体""二号""加粗"。

在"开始"选项卡的"字体"组中。单击"字体"后面的列表按钮❶▾→打开字体列表,选择"黑体";单击"字号"列表按钮❷▾→打开字号列表,选择"二号",再单击加粗按钮❸【B】,加粗字体(图4-17)。

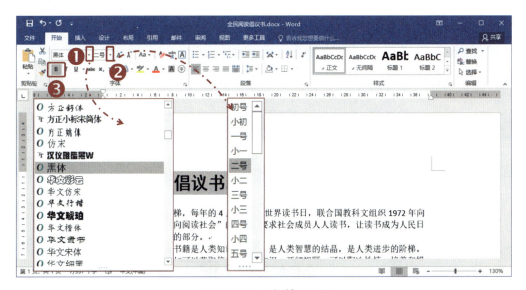

图 4-17　字体设置

第二步:设置正文字体为"楷体""四号"。

换一种方法,使用"字体"对话框来完成。选择正文文字,❶右击所选文字→弹出快捷菜单,选择❷"字体"(或在"开始"选项卡的"字体"组的右下角单击❸对话框启动器)→打开"字体"对话框,单击❹"中文字体"框→弹出字体列表,选择"楷体";在❺"字号"列表框中,选择"四号",然后单击❻"确定"按钮(图 4-18)。

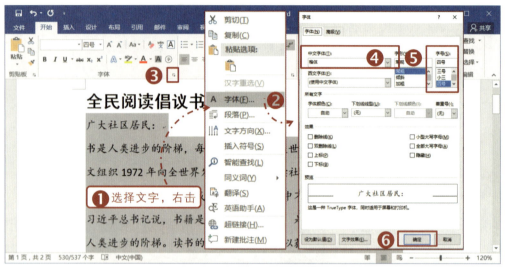

图 4-18　字体设置

如果设置的格式相对简单,可利用浮动工具栏,快速地设置字体(图 4-19)。

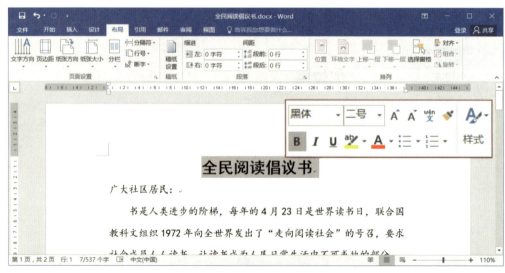

图 4-19　快速设置字体

三、段落

段落的设置包括对齐方式、缩进方式、段前与段后距离以及行间距等。为了标明要设置哪一段，需将插入点放置在该段落的任一位置。若同时设置多段，则要先选定需要设置的段落。设置段落格式的方法与字体类似，可使用"段落"组或使用"段落"对话框来完成。

（一）使用"段落"组设置段落格式

选定需要设定的段落，在"开始"选项卡的❶"段落"组中，单击相应的命令按钮，进行段落的相关格式设置，或单击【开始】选项卡的"段落"组的对话框启动器→打开❷"段落"对话框，来完成段落设置（图 4-20）。

图 4-20　"段落"对话框

"段落"组命令按钮功能详细介绍见表4-5。

表4-5 "段落"组命令按钮功能

命令	名称	功能
	项目符号	项目符号,创建或撤销项目符号;单击下拉按钮可选择不同的样式
	编号	编号,创建或撤销编号列表,单击下拉按钮可选择不同的编号样式
	多级列表	启动多级列表,单击下拉按钮可选择不同的多级列表样式
	减少缩进量	减少缩进量
	增加缩进量	增加缩进量
	中文版式	自定义中文或混合文字的版式
	排序	按字母顺序排列所选文字或对数值数据排序
	显示或隐藏编辑标记	显示或隐藏编辑标记符号,快捷键为【Ctrl+＊】
	文本左对齐	段落对齐方式为左对齐,系统默认,快捷键为【Ctrl+L】
	文本居中	快捷键为【Ctrl+E】
	文本右对齐	快捷键为【Ctrl+R】
	两端对齐	将文字左右两端同时对齐,会根据需要增加字间距,快捷键为【Ctrl+J】

续表 4-5

命令	名称	功能
	分散对齐	将段落两端同时对齐,会根据需要增加字符间距,快捷键为【Ctrl+Shift+J】
	行和段落间距	更改文本的行间距,还可以定义段前和段后添加的间距量
	底纹	设置所选文字或段落的背景色
	下框线	自定义所选单元格、文字或段落的边框

（二）使用"段落"对话框设置段落格式

选定需要设定的段落,单击"开始"选项卡中"段落"组的对话框启动器按钮→打开"段落"对话框,然后根据要求进行相关设置。"段落"对话框中"缩进和间距"选项卡的常用选项见表4-6。

表 4-6　"缩进和间距"选项卡的选项

名称	选项	
常规	对齐方式	左对齐
		右对齐
		居中
		两端对齐
缩进	左侧	左缩进
	右侧	右缩进
	特殊格式	首行缩进
		悬挂缩进

续表 4-6

名称	选项	
	段前	段落前距离
间距	段后	段落后距离
	行距	行间距离

行距决定了选定段落中各行文字之间的垂直距离。段落间距则决定了选定段落与上方段落或下方段落的段间垂直距离。

第一步:标题居中。

❶选定标题文字,单击"开始"选项卡中"段落"组的❷居中按钮,完成居中对齐(图 4-21)。

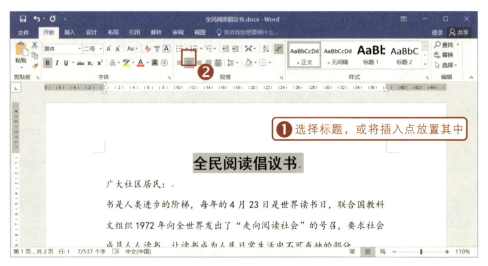

图 4-21　对齐方式

第二步:除第一行外的正文,首行缩进 2 字符,行间距 1.2 倍。

❶选定除第一行外的正文内容,单击"开始"选项卡的"段落"组的❷对话框启动器按钮→打开"段落"对话框,在"缩进"中,单击❷"特殊格式"下拉列表,选择【首行缩进】,在❸【缩进值】框处输

入"2 字符";单击❹【行距】下拉列表,选择"多倍行距",在❹"设置值"处输入"1.2"(图 4-22)。

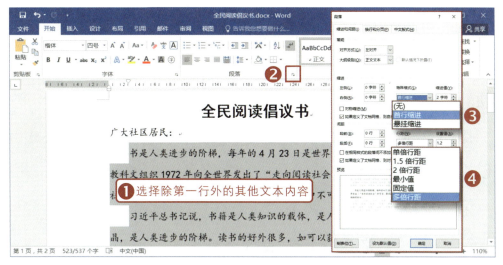

图 4-22 首行缩进

第三步:最后两行落款,右对齐。

❶选择最后两行,单击"开始"选项卡中"段落"组的❷右对齐按钮,完成右对齐(图 4-23)。

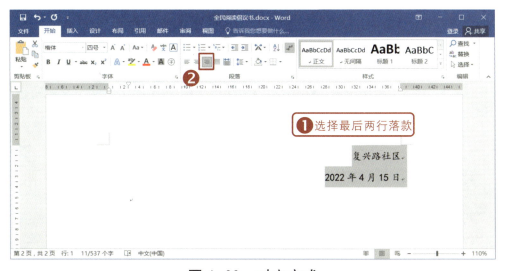

图 4-23 对齐方式

第四步:保存文档。

四、格式刷

如果在文档中,已有的文字设置样式是用户心仪的,那么可以用一种简单的方式将它【刷】在其他的文字上,减少冗余,直接而简便。

比如,我们想把正文第一行文字设置为与标题一样的格式,就可以用格式刷来试试。

第一步:先选择标题文字。

第二步:单击格式刷工具,此时光标变成一把小刷子🖌。

第三步:移动这把小刷子,去刷正文第一行文字,完成文字格式的复制。

单击格式刷只能用一次,若想反复使用,应双击格式刷按钮,然后分别选定目标内容,直到按 Esc 键,或再次单击格式刷按钮,才取消本次格式刷的使用。

第四节　文档的打印

老乐:小乐,我这份倡议书还有点问题,后面两行在第二页了,能不能放在一页,这样打印出来阅读会更方便啊。

小乐:爷爷,这个问题很好解决。我可以给您几个方案。一是重新设置字体大小,二是重新调整行间距,三是设置页面布局中的页边距,把页边距调稍小一些。

老乐：我觉得字体和行距都很合适，不想改动了，咱们试试调整页面吧？

　　页面设置的内容主要有：纸张大小、纸张方向、页边距以及打印预览等。

一、纸张大小

　　Word 2016 默认的纸张大小为 A4，其大小为宽度 21 厘米，高度 29.7 厘米。A4 纸是由国际标准化组织的 ISO 216 定义的，世界上多数国家所使用的纸张尺寸都是采用这一国际标准。

　　单击"布局"选项卡的"页面设置"组中的❶"纸张大小"→打开纸张列表，选择列表中所需的尺寸即可，比如选择❷"A4"。也可以单击纸张列表的❸"其他纸张大小"项→打开"页面设置"对话框，在"纸张"选项卡中设置❹纸张的大小，或输入相应的纸张的宽度与高度，单击❺【确定】按钮（图 4-24），同样可以完成纸张大小的设置。

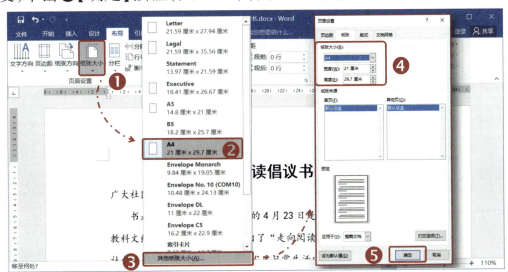

图 4-24　纸张大小

二、纸张方向

单击"布局"选项卡的"页面设置"组中的❶【纸张方向】→打开列表,选择❷"纵向"或"横向",如图 4-25。

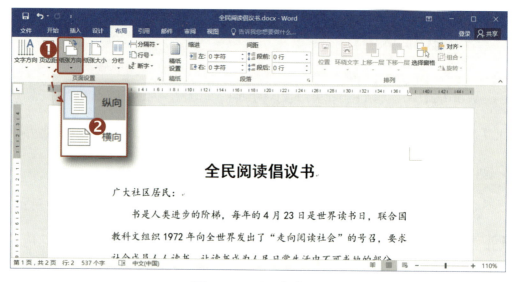

图 4-25　纸张方向

三、页边距

人生要懂得留白,生活是如此,书写亦是如此。无论是纸质的书写,还是电子文稿的编辑,纸的四周不显示文字内容的位置就是留白,在 Word 中叫作页边距。

单击"布局"选项卡的"页面设置"组中的❶"页边距"按钮→打开页边距下拉列表,默认"普通",可改选❷"适中",完成页边距的设置(图 4-26)。

若这些页边距不合适,可选择❸"自定义边距"→打开"页面设置"对话框,在"页边距"选项卡中,更改❹上、下、左和右页边距的数据,单击❺【确定】按钮(图 4-26),完成页边距设置。

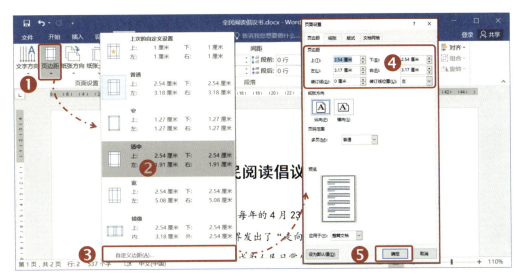

图 4-26 设置页边距

四、打印预览

页面设置完成后,可单击"文件"菜单中的❶"打印"进行打印输出前的预览(图 4-27)。中部❷是"打印"相关设置,❸右侧是整个文档的预览效果,❹右下角显示文档的页数和显示比例。

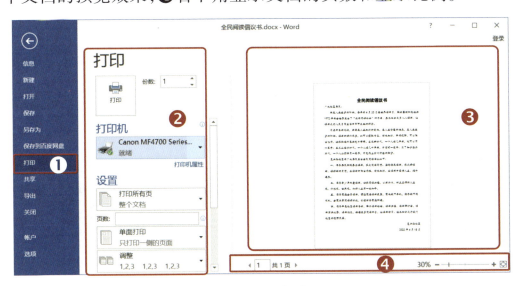

图 4-27 打印

预览效果就是最终打印机输出的效果，如果我们的计算机已经连接好打印机，而且文档不需再做其他修改，单击打印按钮，就可以完成打印了。

第五节　表格的操作

老乐：小乐，我还想制作一份《推荐阅读书目》，能不能画个表格填写？

小乐：能啊，表格的最大优点是结构严谨，效果直观。一张简单的表格可以代替大篇幅的文字叙述，具有更直接的表达意图，使得放在表格里的数据比文字更具有说服力。

老乐：来试试吧！

一、插入表格

第一步：新建一个 Word 2016 文档。单击"插入"选项卡的❶【表格】按钮→打开"插入表格"列表，❷拖拽鼠标，在方格上移动，鼠标移动过的位置就是表格的尺寸，而且上方会显示具体的尺寸"4×8 表格"（即 4 列 8 行），单击之后，就生成了一个表格（图 4-28）。

如果所需要的表格尺寸超过了方格的最大区域"10×8"，单击❶【表格】按钮→打开"插入表格"列表，选择❷【插入表格】→打开"插入表格"对话框，❸输入表格的尺寸，比如"列数框"为 4，"行数框"为 40，单击❹【确定】按钮，生成一个 4 列 40 行的表格（图 4-29）。

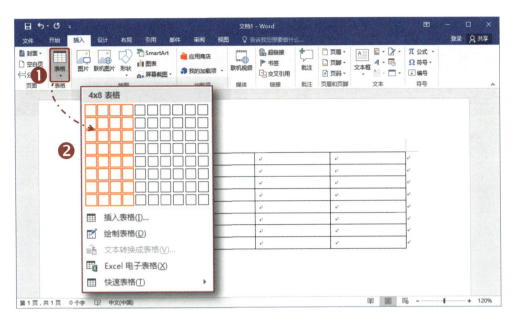

图 4-28　插入表格 1

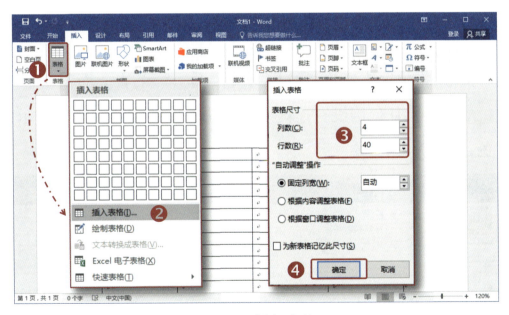

图 4-29　插入表格 2

通过绘制表格,可以按照自己的设计来完成表格的制作,方法是:

单击❶【表格】按钮→打开"插入表格"列表,选择❷【绘制表格】,鼠标会变成一支铅笔,然后拖拽鼠标,自❸左上角至❹右下角位置,松开鼠标,即可绘制一个方框(图4-30),即表格的外边框。

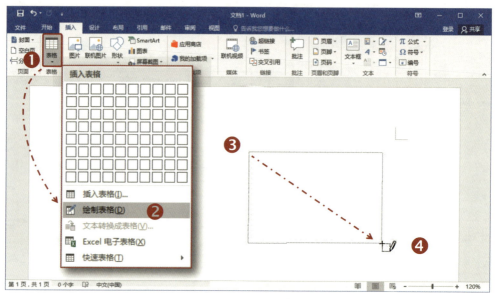

图4-30　绘制表格

然后,拖拽这支铅笔,❶自左到右"画"横线,自上而下"画"竖线(图4-31),任何因没有连接线而无法放置的❷线将短暂显示为红色,然后消失。

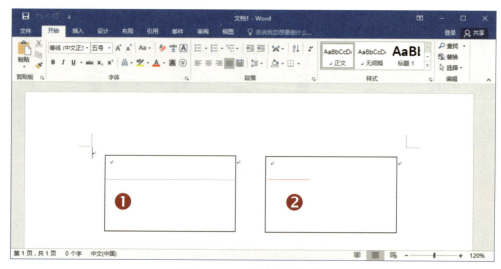

图4-31　绘制表格线

二、修改表格

创建表格后,就可以在单元格中输入数据了。我们可以通过多种方法来编辑它,如添加行、删除列、合并单元格等。

(一)选定单元格

对表格编辑之前,需要先选定操作对象是哪些单元格。对表格中的单元格、行或列进行选定的方法见表4-7。

表4-7　选定表格内容的方法

选定对象	操作
单元格	单击单元格的左边缘
行	单击行左侧的空白处
列	单击列的上边框
矩形区域	在单元格区域拖动鼠标
整个表格	单击表格左上角的全选按钮

(二)添加行或列

选定一个单元格,在"表格工具→布局"选项卡的"行和列"组中,选择【在上方插入】【在下方插入】完成添加行的操作,选择【在左侧插入】【在右侧插入】完成添加列的操作(图4-32)。

图 4-32　插入行或列

也可直接在需要增加行线（最左侧）或列线（最上方）上，单击添加行或列的工具按钮（图 4-33），可以快速添加空白行或空白列。

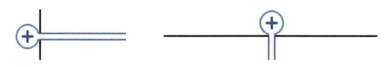

图 4-33　添加行或列按钮

（三）删除行或列

选定一个单元格，单击"表格工具-布局"选项卡的"行和列"组中的❶【删除】按钮→打开❷下拉列表，选择列表选项（图 4-34），便能够实现行或列的删除操作。

图 4-34　删除行或列

（四）移动行或列

移动行或列就是将表格中的整行或整列从一个位置移动到表格中另一个位置。

移动行或列的方法是：选定要移动的行或列，做剪切操作。将插入点定位到新位置，在"开始"选项卡的"剪贴板"组中，单击【粘贴】按钮，被剪切的行将被移动到新位置的上方（被剪切的列被移动到新位置的左侧）。

（五）合并或拆分单元格

将多个单元格合并为一个单元格或将一个单元格拆分为多个单元格，是在"表格工具-布局"选项卡的"合并"组中，通过选择相应按钮实现的。

三、输入表格内容

表格制作完成后，就可以输入内容了。每一个小格子都叫单元格，每个单元格内都有一个回车符，均可输入内容。我们可以用鼠标单击切换不同的单元格，也可以利用键盘上的方向键，即上【↑】、下【↓】、左【←】、右【→】箭头来调整输入位置。

如果已经编辑好了内容，可以直接将其复制粘贴进表格的单元格中。但是，假如需要在已有的内容上"套"上表格框架，那么可以使用"文本转换成表格"这个功能。

第一步：选择需要添加表格的❶文字内容，然后在"插入"选项卡中选择❷【表格】按钮→打开"插入表格"列表,选择❸【文字转换成表格】(图4-35)。

图4-35　文本转换成表格

第二步:观察所选文字分隔处,判断文字分隔位置符号。在选定的文字中,每一行都有❶空格分隔开文字内容,所以,在打开的"将文字转换成表格"对话框中,选择"文字分隔位置"为❷"空格",此时,可在❸"表格尺寸"中看到即将生成的表格的大小(图4-36),然后单击❹【确定】按钮。

第三步:生成的表格有可能会有多余的行或者列,可将其删除。如果希望表格能更好地适应当前页面大小,可❶选定整个表格,在"表格工具-布局"选择卡的"单元格大小"组中,单击❷"自动调整"→打开下拉列表,根据想要的效果选择❸"根据内容自动调整表格""根据窗口自动调整表格"或"固定列宽"(图4-37)。

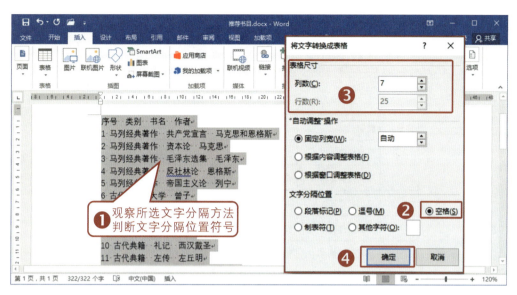

图 4-36　选择正确的文字分隔位置

图 4-37　自动调整表格

第四步：选择【根据窗口自动调整表格】后，表格基本就制作完成了（图4-38）。

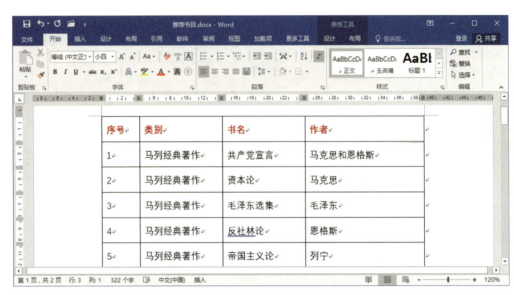

图 4-38　完成表格

四、美化表格

美化表格可以从以下几个方面着手：字体、对齐方式、边框线与填充、重复标题行、套用表格样式等。

（一）字体

若要设置表格中的文字格式，可以直接选定文字所在的单元格、行或者列，利用"开始"选项卡的"字体"组设置想要的字体、字号、颜色、加粗等效果。

（二）对齐方式

选定单元格，单击"布局"选项卡"对齐方式"组中的【文字方向】按钮，可以切换文字方向为"水平"或"竖直"。

表格中的对齐方式，分为水平方向与垂直方向，每个方向对齐方式均有九种（图 4-39）。

如果单元格中的文字是水平方向的,可设置的❶水平方向的对齐方式为靠上两端对齐、靠上居中对齐、靠上右对齐、中部两端对齐、中部居中、中部右对齐、靠下两端对齐、靠下居中对齐或靠下右对齐。

如果单元格中的文字是竖直方向的,可设置❷竖直方向的对齐方式为靠左两端对齐、中部两端对齐、靠右两端对齐、中部左对齐、中部居中、中部右对齐、靠下左对齐、靠下居中或靠下右对齐。

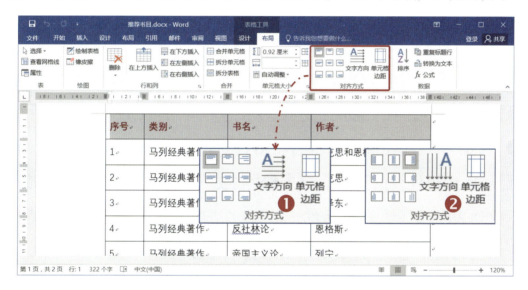

图 4-39　对齐方式和文字方向

（三）边框线与填充

选中若干单元格,在"表格工具-布局"选项卡的"表"组中,单击❶【属性】→打开❷"表格属性"对话框,单击❸【边框和底纹】按钮→打开"边框和底纹"对话框(图 4-40)

在"边框和底纹"对话框中,单击❶"边框"选项卡,在❷"设置"中,通过选取框线为"方框""全部""虚框"或"自定义"设置边框线;在❸中可以在"样式"框中选择线型,在"颜色"下拉列表中选

图 4-40　边框和底纹对话框

择框线的颜色,在"宽度"下拉列表中选取框线的宽度;之后在❹"预览"框中单击框线按钮,将对选定的单元格区域设置或取消框线,完成边框线的设置。单击❺"底纹"选项卡,在❻中的"填充"下拉列表中选择填充的颜色,也可以在"图案"下拉列表中设置选择填充的图案样式,完成单元格的底纹设置(图 4-41)。

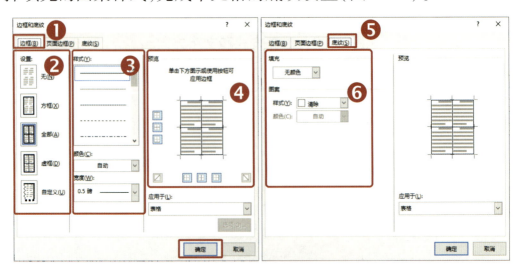

图 4-41　设置边框与底纹

（四）重复标题行

如果表格内容很多,超过了一页,会导致从第二页开始的表格没有对应的标题内容,此时,可以将选定的若干行设置为标题行。如将第一行设置为标题行:将❶插入点放置在第一行的某个单元格中(或选定第一行),在"表格工具-布局"选项卡的"数据"组中,单击❷【重复标题行】按钮(图 4-42),完成操作。再去第二页、第三页看看,是不是就自动增加了与表格第一行完全一样的标题行呢?

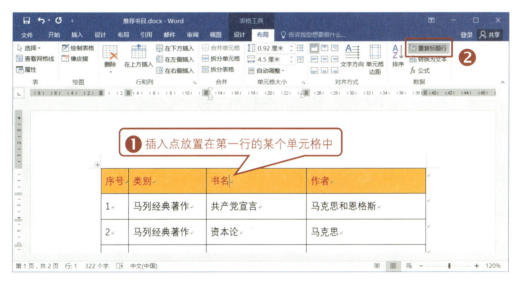

图 4-42　重复标题行

（五）套用表格样式

单击"表格工具-格式"选项卡中"表格格式"组右下角的❶其他按键→打开表格样式列表,选择自己喜欢的❷表格样式,可快速地给所选表格添加表格样式(图 4-43)。

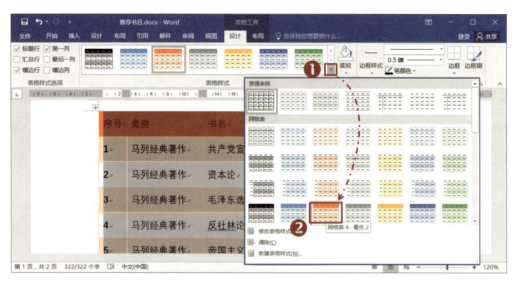

图 4-43　套用表格样式

第六节　图片的处理

老乐：小乐，我想想试着制作一份《开封旅游手册》，我在网络上搜集了一些文字和图片资料，就是不知道图片与文字混在一起的排版方法。

小乐：爷爷，您这个想法太棒了！要做一个图文并茂的文档，需要插入图片，而且要对图片进行一些美化，效果会更好。而且，手册的话，内容会比较多，可以添加页码和目录，方便阅读。

一、插入图片

把❶光标确定在要放置图片的位置，在"插入"选项卡"插图"组中，单击❷【图片】→打开❸"插入图片"对话框，按照❸图片存放的位置,选择正确的路径,单击选取❹图片,单击❺【插入】按钮,完成插入图片操作(图 4-44)。

图 4-44　插入图片

二、修饰图片

插入图片之后,可根据需要使用"图片工具-格式"选项卡中的工具对图片进行编辑修饰。

(一) 调整大小

单击文档中的图片,图片的四周和四个角会出现❶八个圆点(图 4-45),用鼠标拖曳其中一个圆点就可以调整图片的大小。若拖拽角是可等比例调整图片,拖拽边则不等比例调整图片大小。

要准确设置图片的大小,可以在"图片工具-格式"选项卡的❷"大小"组中的"高度"和"宽度"框中,分别设置图片的高度值和宽度值(图 4-45)。

图 4-45　调整图片大小

（二）旋 转 角 度

若要对图片进行旋转，可将鼠标移动到图片正上方的❶圆形箭头处，拖拽鼠标，完成图片旋转（图 4-46）。

图 4-46　旋转图片

（三）删除背景

如果需要抽取图片中的不规则区域，可使用【删除背景】工具来完成。

在"图片工具-格式"选项卡的"调整"组中,单击❶【删除背景】按钮→图片会自动出现玫红色区域,同时在窗口上方打开❷"背景消除"选项卡(图4-47)。

其中,玫红色区域为背景,也就是被删除掉的区域。

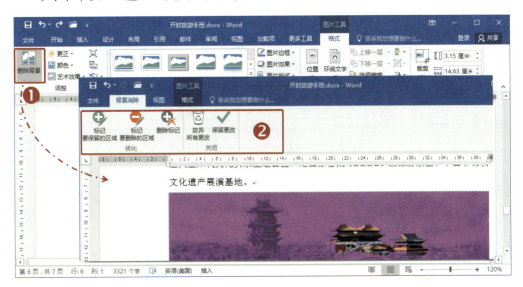

图4-47　删除背景

可根据图片的具体情况,使用❷"背景消除"选项卡中的【标记要保留的区域】【标记要删除的区域】【删除标记】【放弃所有更改】或【保留更改】对图片进行调整。

(四) 改变亮度与对比度

图片本身亮度或对比度不够,可使用【亮度】和【对比度】作简单调整。

单击"图片工具-格式"选项卡中的"调整"组的❶【更正】按钮→打开❷更正调整列表;单击❶【颜色】按钮→打开❸颜色调整列表;选择列表中不同的按钮,能动态看到图片的变化,就可以找到自己想要的效果了(图4-48)。

图 4-48   调整图片效果

（五）图片样式

系统自带一些图片样式,选择这些样式,可快速美化所选图片。选中图片,单击"图片工具-格式"选项卡中"图片样式"组的❶其他按钮→打开❷图片样式列表,可以直接选择你喜欢的图片样式(图 4-49)。

图 4-49   图片样式

（六）文字环绕方式

默认情况下,图片是以"嵌入型"方式放置在文字中间的。嵌入型的图片只能出现在插入点的位置。若需要在文档中改变图片与文字的环绕方式,可在"图片工具-格式"选项卡的"排列"组中单击❶【环绕文字】按钮→打开下拉列表,可以选择合适的文字环绕方式(图4-50),比如"四周型",就可以拖拽图片移动其位置了。

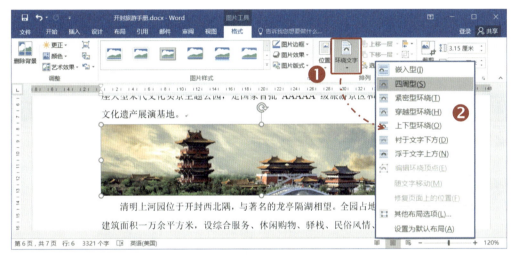

图4-50　环绕文字方式

（七）裁剪

若需要将图片进行裁剪,可使用"图片工具-格式"选项卡"大小"组中的❶"裁剪"工具→图片四周会出现八个裁剪符号,用鼠标拖曳,即可对图片进行裁剪(图4-51)。

对图片的裁剪,还可以单击❶"裁剪"列表按钮→打开下拉列表,选择❷"裁剪为形状"→打开❸形状列表,选择裁剪后的形状;选择❹"纵横比"→打开❺纵横比列表,可以选择裁剪后的纵横比例(图4-52)。

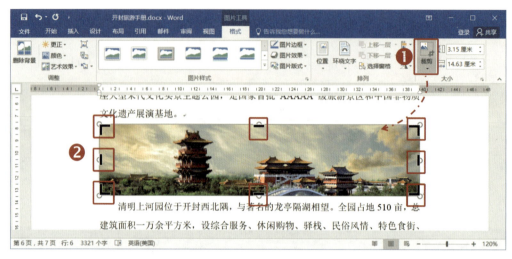

图 4-51　裁剪图片

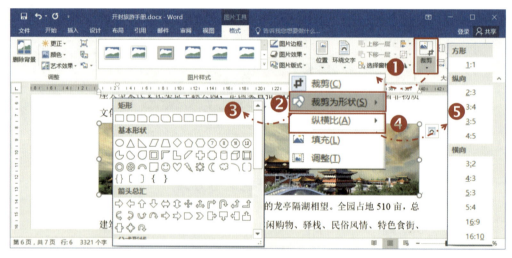

图 4-52　裁剪菜单

三、添加页码

文章较长时，可添加页码。单击"插入"选项卡中"页眉和页脚"组中的❶"页码"下拉列表，这里选择❷【页面底端】→打开列表，选择❸【普通数字 2】类型（图 4-53），就在每一页的下方正中的位置添加了页码。

图 4-53　添加页码

四、制作封面

经过了上述插入图片以及简单的图片修饰工作,又添加了页码,这份旅游手册已初具雏形(图 4-54)。

图 4-54　旅游手册初稿

如果能再制作一个漂亮的封面,那就是锦上添花了。

(一) 插入空白页

由于封面的特殊位置,需要在最前面留置一张空白页。

将插入点放置于文档中所有内容的最前面,在"插入"选项卡的"页面"组中单击❶【空白页】,添加的页就是空白页了,段落标记显示为❷"分页符"(图4-55)。

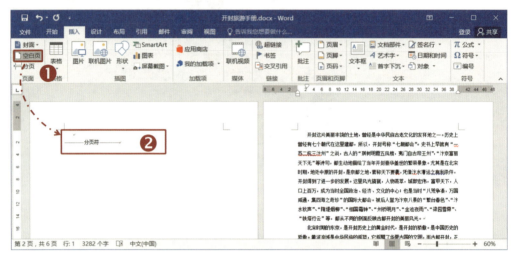

图4-55　分页符

(二)　添加艺术字

为了让封面标题更醒目更美观,可使用艺术字。

单击"插入"选项卡"文本"组的❶【艺术字】按钮→打开"艺术字样式库",选择一个自己喜欢的样式,比如选择❷第三行第四列"填充-白色,轮廓-着色2,清晰阴影-着色2"→出现艺术字框,在框中输入标题内容❸"八朝古都·大美开封"(图4-56)。

参阅设置图片文字环绕方式的方法,可以设置艺术字的文字环绕方式。

拖拽艺术字框移动到合适的位置,选中文字修改字体,就可以得到一个漂亮的标题了。

同样的方法,再来一个漂亮的副标题"琪/树/明/霞/五/凤/楼·夷/门/自/古/帝/王/州",并插入一张图片做装饰(图4-57)。

图 4-56　艺术字

图 4-57　添加艺术字与图片

（三）添加线条

简单的线条可以用来装饰页面,也可以起到分隔文字内容的作用。单击"插入"选择卡"插图"组的❶"形状"下拉列表,选择❷"线条"→鼠标指针变成"十"字,在合适的位置拖拽鼠标,就可以绘制出❸一条直线(图 4-58)。

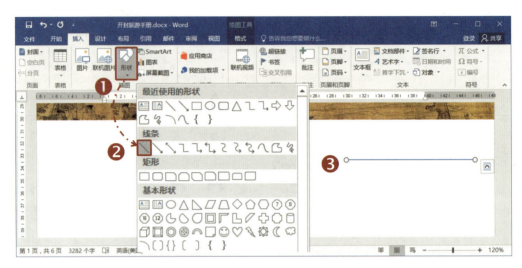

图 4-58　添加线条

　　若要调整线条的样式,可选中这条直线,在"绘图工具-格式"选项卡的"形状样式"中,选择❶其他按钮→打开❷主题样式列表,选择❸合适的样式即可(图 4-59)。

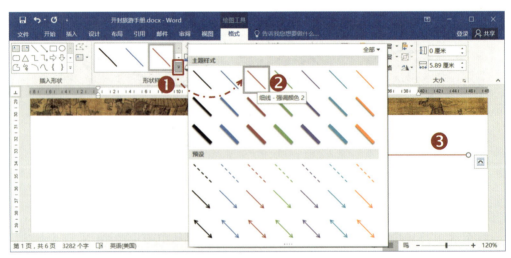

图 4-59　更改线条样式

（四）添加文本框

文本框是一种可移动、可调大小的文字图形容器。使用文本框来编辑文字内容，可以不受文本段落的影响，可以随意将文本框摆在想要的位置上。

单击"插入"选项卡"文本"组中的❶"文本框"下拉列表，选择❷"绘制文本框"项，在页面上需要添加文本框的位置拖动鼠标可绘制出一个文本框，输入❸文本内容。单击该文本框的边框选定文本框，设置合适的字体和字号（图 4-60），拖拽文本框四周的小圆圈，可调整文本框的大小。

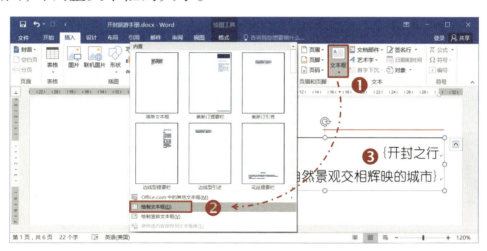

图 4-60　绘制文本框

默认情况下，文本框的样式为黑色轮廓，白色填充，如果需要调整样式，可单击"绘图工具-格式"选项卡中"形状样式"组的❶"形状填充"下拉列表，选择❷【无填充颜色】；再单击❶"形状轮廓"下拉列表，选择❸【无轮廓】（图 4-61），便将所选文本框设置为无填充颜色和无轮廓线了。

采用相同的操作方法，也可以设置文本框其他填充颜色和轮廓线。

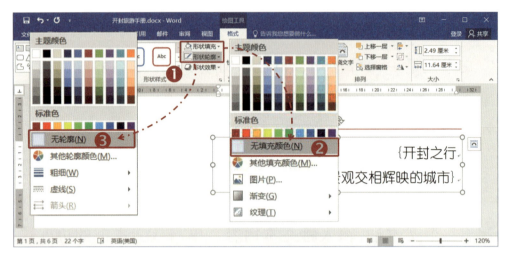

图 4-61　设置填充与轮廓

经过反复调整，一本"高大上"的《开封旅游手册》(图 4-62)就诞生了！

图 4-62　开封旅游手册

第五章
PowerPoint 2016 演示文稿制作

第一节　制作相册

老乐：小乐啊，我今天在老年大学听了一节养生课，老师用计算机和 LED 大屏幕给我们展示了很多图片文字和视频，效果很好，也很有趣，老师说那是用 PPT 制作的，你会吗？

小乐：爷爷，我会一些。我们老师上课时都会用到 PPT 软件，PPT 也可以叫幻灯片，老师们会把学习内容制作成课件，把那些重点的内容列举出来，或者把不好用语言描述的知识点用视频或者动画或者图片展示出来，这样我们在学习和理解那些知识点的时候就很容易啦。另外，在很多公司做产品发布的时候，也会做成PPT，把精彩的内容展示给观众，让观众们有更直观地理解。

老乐：哦，听你这么一说，我倒是挺感兴趣的。我平时拍了很多照片，能不能做成这个 PPT？

小乐：能啊。咱俩可以一起研究研究，其实不难。

老乐：那就太好啦。咱们现在就开始吧。

小乐：说干就干，说学就学！

一、新建演示文稿

PowerPoint 一般简称 PPT,也叫演示文稿。演示文稿中的每一页就叫幻灯片,每张幻灯片都是演示文稿中既相互独立又相互联系的内容。用户可以在投影仪或者计算机上进行演示,也可以将演示文稿打印出来,制作成胶片,以便应用到更广泛的领域中。PPT 用文字、图形、色彩及动画的方式,将需要表达的内容直观、形象地展示给观众,让观众对你要表达的意思印象深刻。它具备清晰、简洁和视觉化的特征,以及美感的表现形式。

第一步:在桌面上双击 PowerPoint 2016 图标,单击❶"空白演示文稿",创建一个空白演示文稿(图 5-1)。

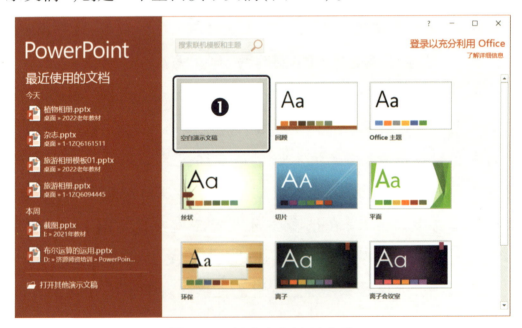

图 5-1　创建空白演示文稿

第二步:输入文字。在第一张幻灯片上的标题处输入相册标题,比如❶"花开四季",标题的下方虚线框里输入时间❷"2022

年"(图 5-2)。这种虚线框叫占位符,占位符会提示添加的内容,比如文字、图片、表格、视频等。

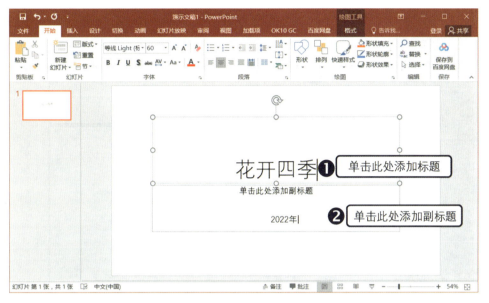

图 5-2　在占位符中输入内容

第三步:保存文档。为防止意外断电,先保存一下 PPT 文件。

若是第一次保存文件,保存和另存为没有区别。若之前已经保存过文件,那么保存只保留更改内容,不改变文件名、位置以及其他属性;而另存为则可以修改文件名、位置、类型等。

因为这个文件之前没有保存过,所以单击【保存】→弹出"另存为"窗口(图 5-3),此时如果选择❶"这台电脑",那么系统将会显示这台电脑最后使用过的❷文件夹,如果选择❸"浏览",则会打开❹"另存为"对话框,然后选择保存位置,输入想要的文件名,再单击【保存】按钮。这时界面会重新回到幻灯片的编辑界面,最上方出现的名称即为保存后的文件名。

第四步:插入新幻灯片,新幻灯片的版式为"标题与内容"。在"开始"选项卡中,单击"幻灯片"组中的❶"新建幻灯片"→打开列表,选择❷"标题和内容"版式,就可以在第一张幻灯片的下面,插入了❸第二幻灯片("标题和内容"版式)了(图5-4)。

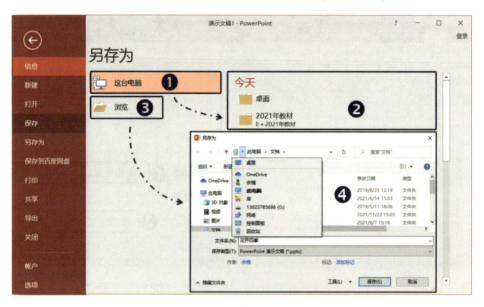

图5-3 "另存为"对话框

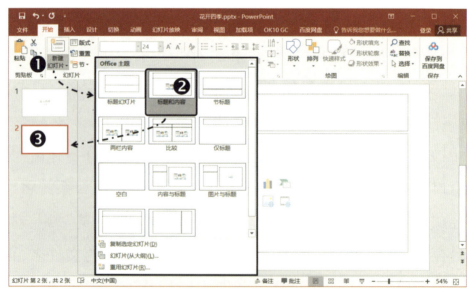

图5-4 选择幻灯片版式

第五步:添加标题与图片。在第二张幻灯片中,❶输入标题"春天",单击下面占位符中的❷"图片"按钮→打开❸"插入图片"

对话框,按照图片存放的位置,找到想要添加的图片。这里,图片
的存放位置是在"D:\摄影照片",选择一张图片,单击【插入】按钮
(图 5-5),完成操作。

图 5-5　插入图片

第六步:插入第三张幻灯片,版式为"两栏内容",可以在一页
中显示两张照片(图 5-6)。

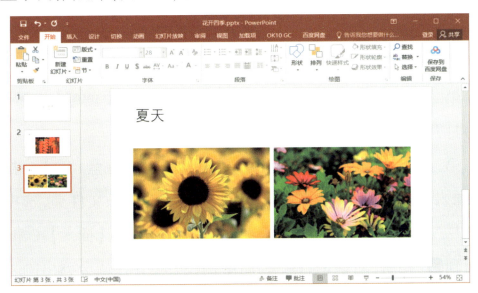

图 5-6　两栏内容版式

第七步：保存文件。无论多少张照片，都可以放在一个演示文稿的文件里。

老乐：小乐，你教给我的方法，经过反复练习，我已经学会啦。你看我自己做得怎么样？

小乐：您做得真的挺好的！

老乐：可是，我电脑里的照片还有很多，但是这一张一张地做还是挺费时的。有没有办法能让我一次性地，把多张照片都添加在幻灯片里？

小乐：爷爷，当然有啦。PPT 里有相册的功能，就能达到您的要求。咱们一起来看看。

二、相册功能使用

Power Point 中除了单独插入图片后，还可以利用相册的功能批量地添加图片，或直接添加图片所在的文件夹，快速地完成图片的插入。

第一步：先创建一个"空白演示文稿"。

第二步：在"插入"选项卡中，单击"图像"组中的❶【相册】按钮→打开❷"相册"对话框（图5-7）。

第三步：在"相册"对话框中，单击❶【文件/磁盘（F）】→打开❷"插入图片"对话框，按照图片的存放位置，打开文件夹，选择多张图片（示例选了5张照片），单击对话框右下角的【插入】按钮，重新回到❸"相册"对话框，在"相册中的图片"下方就会列出刚才所选的5张照片，再单击❹【创建】按钮（图5-8）。

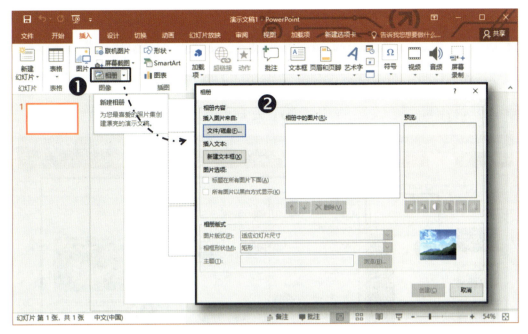

图 5-7　创建相册 1

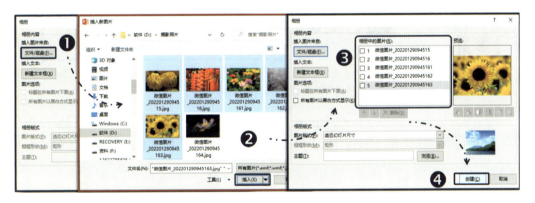

图 5-8　创建相册 2

第三步：此时，就可以得到一个黑底相册了，幻灯片的张数为 6 张，这个数字是所选图片个数+1，因为系统会自动增加一个相册封面。

如果需要调整这个相册，比如，增加照片、调整照片顺序、调整照片的亮度等均可在"编辑相册"里进行。

第四步:编辑相册。在"插入"选项卡中,单击"图像"组中的"相册"下的三角按钮→打开❶相册列表,选择【编辑相册】→打开❷"编辑相册"对话框,勾选要编辑的照片,按照需要在❹、❺或❻中进行编辑,完成之后单击❸【更新】按钮就行了(图5-9)。

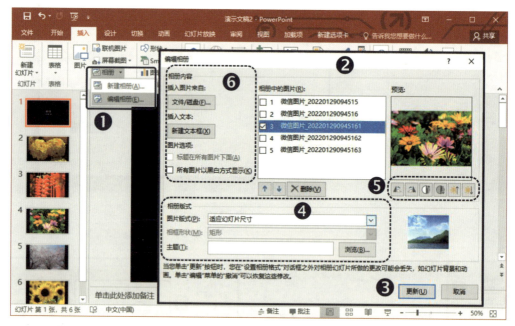

图5-9　调整相册中的图片

在编辑相册对话框中,可以在图5-9的❹、❺或❻中进行如图5-10的工具选择,也可以根据相册的具体情况进行设置。

例如,在"编辑相册"对话框的"相册版式"组中,单击❶"图片版式"→弹出❷列表,选择为"1张图片";单击❸【相框形状】→弹出❹列表,选择为❹"简单框架,白色";勾选❺"标题在所有图片下面",单击【更新】按钮,就可以将相册修改为另外一种样式了(图5-11)。

第五步:保存文件,相册就修改完成了。

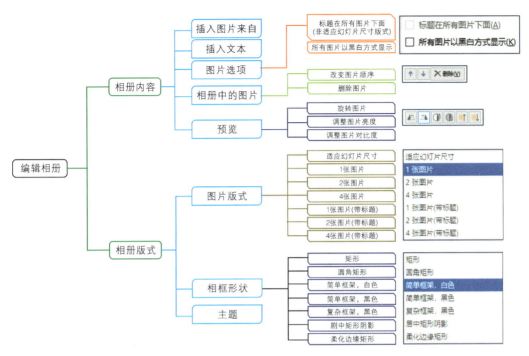

图 5-10　编辑相册中图片的工具

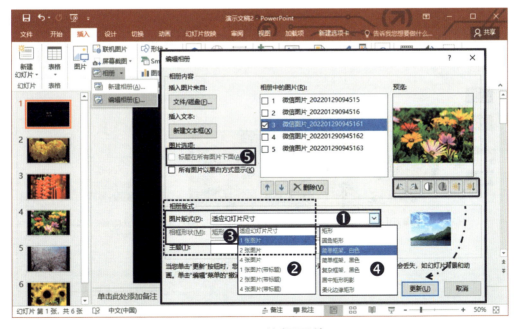

图 5-11　编辑图片

老乐：小乐，这个方法多快好省，很方便。但是，我觉得黑色的背景不好看，能改吗？

小乐：能啊，当然能了。修改背景的方法可多了，就用您之前做过的相册为例子来改背景吧。

三、设置幻灯片背景

在"设计"选项卡中，单击"自定义"组中的❶【设置背景格式】→打开❷"设置背景格式"窗格（图 5-12）。下面的填充选择都可以为幻灯片设置背景，包括纯色背景、渐变背景、图片或纹理填充、图案填充以及隐藏背景图片等，可根据自己想要的背景效果进行选择。

图 5-12　幻灯片背景填充效果

（一）纯色填充

　　纯色填充是用一种颜色作为幻灯片的背景色，比如单纯的白色、黑色等等。在"设置背景格式"窗格中，点选❶"纯色填充"→弹出❷设置选项，单击❸颜色按钮 →打开❹颜色列表，选择白色色块，就把幻灯片的背景色改成白色了（图 5-13）。

图 5-13　纯色填充

（二）渐变填充

　　相比于纯色背景，渐变色背景层次感更强，页面更有变化感。点选❶"渐变填充"→弹出❷设置选项，单击❸【预设渐变】→弹出❹预设渐变列表，选择自己喜欢的预设渐变；单击❺【类型】→弹出❻渐变类型列表，选择自己喜欢的一种类型；单击❼【方向】→弹出不同的❽渐变方向列表，可以选择一个渐变方向（图 5-14）。

图 5-14　渐变填充

（三）纹理填充

软件自带的一些固定纹理图案,共有 24 种。点选"图片或纹理填充"→弹出❷设置选项,幻灯片的背景就会自动添加"纸莎草纸"纹理;而单击❸【纹理】按钮→弹出❹纹理列表,可以选择合适的纹理图案(图 5-15)。

图 5-15　纹理填充

（四）图片填充

点选❶"图片或纹理填充"→弹出❷设置选项,单击❸"插入图片来自"中的【文件】按钮→打开❹"插入图片"对话框,选择一张图片,单击【插入】按钮,便将所选图片设置为幻灯片背景(图 5-16)。

图 5-16　图片填充

（五）图案填充

图案是由带有颜色的点、线或者色块组成的。点选❶"图案填充"→弹出❷设置选项,可以选择任一图案。而通过单击❸"前景"及"背景"颜色,则自己可以设置图案效果(图 5-17)。

除了为每一张幻灯片设置不同的背景外,如果希望背景统一,可以单击【全部应用】按钮,便将正在设置的幻灯片背景应用到每一张幻灯片上。

设置完成,保存文件。

图 5-17　图案填充

老乐：修改了背景，我这个相册好看了很多，但是，问题又来了！

小乐：爷爷，什么问题啊？

老乐：你看，这一张幻灯片，上面有白色的字，这个时候，如果我把背景也修改成白色或者很淡的颜色，那些字就看不见了啊。

小乐：确实如此。

老乐：有没有解决办法？

小乐：我想想……设置主题和应用模板能解决！我们还在相册上来试一试。

四、主题与模板的应用

主题是 Office 软件里事先设置好的颜色、字体和视觉效果，可以在制作幻灯片时达到统一的效果，让演示文稿拥有和谐的外观，比如深色文本显示在浅色背景上,或者浅色文本显示在深色背景上,对比度很强,易于阅读。

第一步:打开"相册. pptx"演示文稿。在"设计"选项卡上,指向某"主题"缩略图,就可以看到编辑区使用后的效果,无论是背景,还是字体都会有变化。

第二步:如果对这些主题都不满意,单击主题组右下角的❶其他主题按钮→打开❷其他主题样式列表,选择一个更合适的主题,比如单击"积分"主题,就可以直接将其应用到所有幻灯片(图 5-18)。

图 5-18　应用其他主题

除了在列表中选择"主题",还可以在❷主题列表中,通过单击❸"浏览主题",选择存放在文件夹中的其他主题。

第三步:单击❶【浏览主题】→打开❷"选择主题或主题文档"对话框,按主题所在的位置找到某"主题文件",再单击【应用】按钮,则该主题将被应用于所有幻灯片。此时,就可以看到相册主题的变化了(图5-19)。

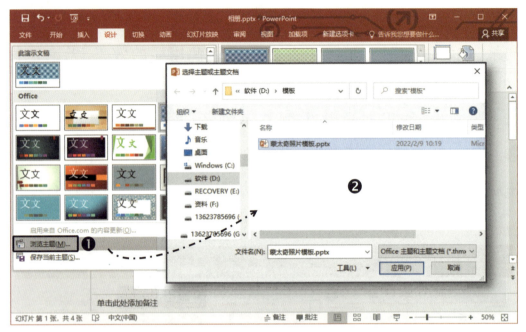

图5-19 应用自选主题

第四步:在"开始"选项卡的"幻灯片"组中,单击❶"新建幻灯片"下拉列表按钮→打开❷下拉列表,就可以选择不同的版式创建新的幻灯片了。而单击❸【版式】→打开❹"版式"下拉列表,则可以将当前幻灯片更改为其他版式,从而让我们的相册样式更加丰富多彩(图5-20)。

主题的获取方式可以通过新建联机下载。

第五步:在创建PPT文档时,单击❶"搜索联机模板或主题",找到自己喜欢的样式,并在预览时单击❷【创建】下载主题(图5-21)。

很多PowerPoint设计网站上也会免费提供丰富的主题,以供下载使用。

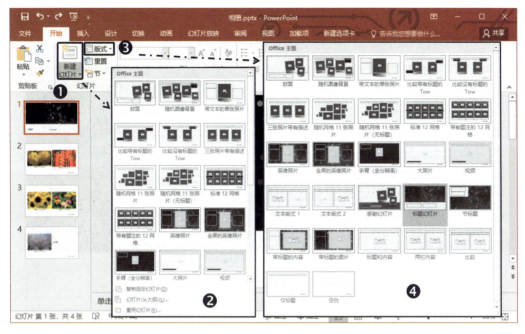

图 5-20　自选主题中的版式

图 5-21　应用联网主题

第六步：应用主题之后，可以在图片占位符添加照片，或者删除不需要的占位符，制作出更加精美的幻灯片（图 5-22）。

图 5-22　完成的幻灯片

第七步：完成之后记得保存文档，保存为"蒙太奇模板相册. pptx"。

老乐：小乐，来来来，看看我这几天的作业。

小乐：爷爷，真是不错啊。

老乐：这个相册基本上已经完成了，可是我把这个相册通过微信的"文件传输助手"发送到我的手机上，看上去好像跟计算机上不太一样啊。

小乐:是的,爷爷,这是由于计算机与智能手机软件不兼容的问题导致的。

　　老乐:怎么解决呢?

　　小乐:可以把相册 PPT 保存成智能手机能正常识别的格式,比如 PDF 格式。

五、保存相册

　　由于智能手机本身不具备 Office 文档的编辑功能,而且智能手机接收电脑所编辑的文件需要进行转换和解码,所以,当我们用手机查看 PowerPoint 演示文稿时,会出现文字或图片不符以及错乱的现象(图 5-23)。想在解决这个问题,只需要在保存文件时,选择一种手机可以识别的格式即可,比如 PDF 等。

图 5-23　不同设备的显示效果

第一步:打开"蒙太奇模板相册.pptx"演示文稿,按照正常的保存文件的方法,单击屏幕左上角的"文件",选择菜单中的"另存为"→打开列表,选择"浏览"→打开"另存为"对话框,选择保存位置,输入文件名,此时文件类型默认的依然是.pptx。

第二步:在"另存为"对话框中,单击❶"保存类型"框→打开❷保存类型列表,在这个长长的列表中,选择"PDF(＊.pdf)",将重新回到"另存为"对话框,文件名已经成为"蒙太奇模板相册.pdf"了,在下面勾选❸"发布后打开文件",单击❹【保存】后,电脑会自动打开保存后的 PDF 文件(图5-24)。

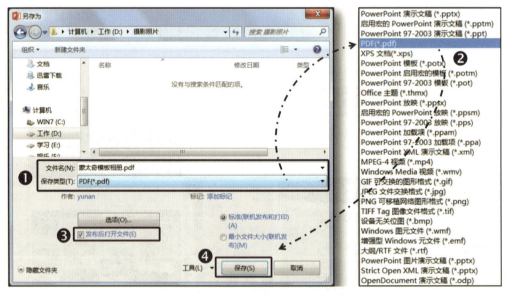

图5-24　以 PDF 格式另存演示文稿

第三步:在刚才的保存位置找到已经保存好的 PDF 格式的相册文件,发送到手机上,再用手机打开,我们在手机上看到的文字或者图片就不会变形了(图5-25)。

图 5-25　PDF 格式文档在不同设备的显示效果

第二节　演示文稿及视频编辑

老乐：小乐，来来来，看看我这几天的作业。

小乐：爷爷，真是不错啊，高端大气上档次！

老乐：这个相册基本上已经完成了，我想让照片动起来，行不行？

小乐：动起来的话可以设置动画或者切换效果，除了个别模板里自带的那些动态效果以外，我们还可以自己给照片或文字设置动态效果。

老乐：哦，快来教教我。

小乐：好咧！

一、动态效果

PowerPoint 2016 中的动态效果有两大类，一类是动画效果，一类是切换效果。动画效果是对幻灯片中的元素进行动态效果的设置，而切换效果是幻灯片之间进行转换时所展示的动态效果。

（一）动画效果

在❶"动画"选项卡中就可以找到"动画"效果。单击"动画效果"组右下角其他按钮→打开❷动画效果列表。动画效果分为四类，即进入、强调、退出和动作路径（图 5-26）。菜单中显示的是常用的进入效果。如果需要其他动画效果，可以选择菜单下方的❸"更多进入效果""更多强调效果""更多退出效果"或"其他动作路径"→将打开相应的对话框进行选择。

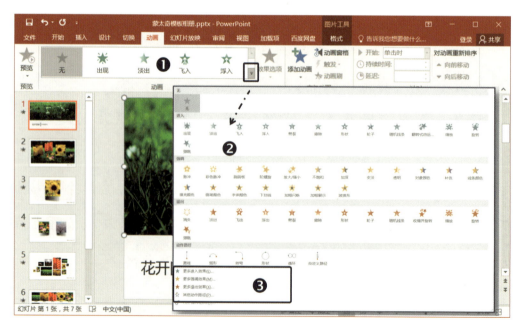

图 5-26 【其他】动画效果

进入是指幻灯片上的文字或图片内容出现时的动态效果,强调是为了突出显示幻灯片中的某个内容,更加引人注意。退出则是使某个内容从幻灯片中动态消失,动作路径可以让幻灯片中的内容按照指定的轨迹进行移动。如果把幻灯片比作舞台,那么进入效果就是演员上场的方式,强调效果就是演员在舞台上表演,退出效果就是演员的退场方式。

下面,我们以"蒙太奇模板相册"为例子,试着给幻灯片上的文字和图片添加不同的动画效果。

第一步:给封面幻灯片中的图片添加动画效果。选定第一张幻灯片中的图片,在"动画"选项卡中,单击"动画"组中的❶【出现】按钮,完成了这张图片的进入动画效果的添加,此时图片的左上角会出现一个数字❷1(图 5-27)。

单击❸【预览】按钮,便可以所选图片的动画效果了。

图 5-27　添加动画效果

第二步:给封面幻灯片中的文字添加动画效果。选定文字"花开四季"、竖线和文字"老乐随手拍",在"动画"选项卡中,单击"动画"组中的❶【淡出】,设置为"淡出"效果;此时,这张幻灯片上有4个内容具有动画效果,单击❷"高级动画"组中的【动画窗格】→在屏幕右侧打开❸"动画窗格",此处显示的是这张幻灯片上所有的动画效果,并按自上而下的顺序依次显现,此顺序与内容左上角的数字序号是一致的(图5-28)。

在进行幻灯片放映时,单击鼠标,将按照这些数字顺序依次播放相应的动画效果。

通过❸【动画窗格】中的两个按钮 ▲ ▼ ,可以调整不同对象的动画播放顺序。

图5-28　动画窗格

第三步:调整动画效果。如果希望多个动画效果按顺序自动出现,选定"花开四季",单击"计时"组中的❶"开始"→弹出❷列表,设置为"上一动画之后",那么动画窗格中❸标题"花开四季"前面原有的数字 2 会消失,其后面的绿色时间条也会向后移动,其他数字序号会往后顺延(图 5-29)。

图 5-29　动画效果列表

如果希望多个动画效果自动同时出现,只需要将这些动画的"开始"设置为"与上一动画同时"即可。

第四步:同一个内容可以添加两种以上的动画效果。选定图片,在"动画"选项卡的"高级动画"中,单击❶【添加动画】→打开❷动画效果列表,选择动画效果如"脉冲",则❸新的动画将应用到这张幻灯片上其他动画的后面,动画序号也同时出现在❹这个内容的左上角。这里,对图片添加第二动画效果为强调"脉冲"(图 5-30)。

其他的幻灯片均可利用同样的方法进行动画效果的添加。

第五步:完成之后,记得保存文档。

图 5-30　为同一张图片添加多个动画效果

（二）切换效果

幻灯片切换是在放映演示文稿期间,从一张幻灯片切换到下一张幻灯片时出现的视觉效果,我们可以控制速度、添加声音和自定义切换效果外观。幻灯片切换类似于影视节目中的转场效果,在幻灯片之间起到承上启下的作用,让其过渡更加自然。

在"切换"选项卡中的"切换到此幻灯片"组中,可以看到当前幻灯片的切换效果是❶"页面卷曲",单击"切换到此幻灯片"组的❷其他按钮→打开❸切换效果列表,可以选择其他的切换效果（图5-31）。

切换效果分三类,分别为细微型、华丽型和动态内容。

每一页幻灯片只能有一种切换效果,切换效果选择得好,幻灯片在展示图片时会更加出彩。

图 5-31　添加切换效果

老乐：小乐，我这个相册上能加上一些好听的音乐吗？

小乐：当然可以了，首先要准备好音乐文件，再插入到 PPT 中，简单地设置一下就行啦。

二、插入音频

背景音乐可以渲染气氛，增强演示效果，让我们在欣赏照片的同时有更好美的体验。

第一步：准备好想要添加的音乐，将其保存在计算机中。比如，将音乐文件放置于 D 盘"媒体素材"文件夹中。

第二步：打开"蒙太奇模板相册. pptx"文件，选择第一张幻灯片，插入音频。

在"插入"选项卡中,单击"媒体"组中的❶"音频"→弹出列表,选择❷"PC 上的音频"→打开❸"插入音频"对话框,根据音乐文件❸所在的位置进行选择,找到合适的音乐,单击❹【插入】,就可以将这首音乐添加到当前幻灯片中(图 5-32)。

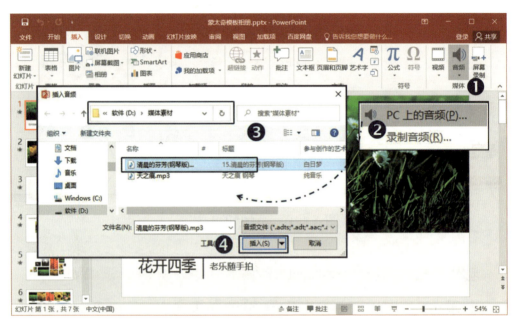

图 5-32　添加音频文件

第三步:音乐文件插入到幻灯片后,会出现一个❶小喇叭图标和播放条(图 5-33),拖拽小喇叭图标可以移动其位置,点击播放条上的三角形播按钮可以进行试听,同时在上面会自动打开"音频工具-播放"选项卡。

第四步:设置"音频选项"。如图 5-33,单击❷"音频选项"组中的"开始"→打开列表,选择"自动";并且勾选❷"音频选项"组中的"跨幻灯片播放"与"循环播放,直到停止",可以让音乐连续不断地播放。

第五步:保存文档。

图 5-33　设置音频选项

老乐：小乐，看看我这几天的成果吧！

小乐：爷爷，很棒啊，图文并茂，动静结合，还有美妙的音乐呢！

老乐：我这还有平时拍的视频，是不是也可以加进我的相册里去？

小乐：是的，视频与音频的插入方法基本上是一样的。

三、插入视频

插入视频可以利用媒体占位符的方法，也可利用插入媒体来完成。

第一步：新建一个文件，我们现在想把视频放在第 2 张幻灯片的占位符里。在【开始】选项卡中，单击"幻灯片"组的❶"新建幻灯片"→弹出新建幻灯片列表，选择❷"标题和内容"版式，就创建了第 2 张幻灯片（"标题和内容"版式）（图 5-34）。

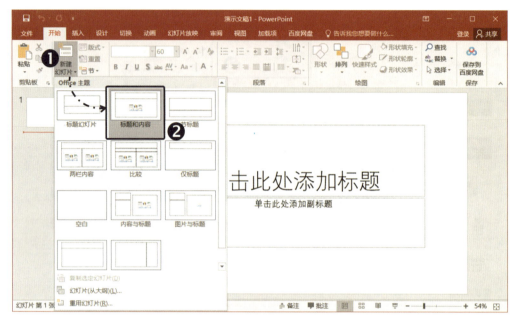

图 5-34　应用标题和内容版式

　　第二步：插入视频文件。单击占位符中的"插入视频文件"图标→打开"插入视频文件"对话框，根据视频文件存放的位置，找到视频，并单击【插入】按钮，就将视频文件插入到这张幻灯片中了。

　　插入视频的同时，上方会自动出现"视频工具-格式"与"视频工具-播放"选项卡，可以对这个视频进行格式与播放效果的设置（图 5-35）。在"视频工具-格式"选项卡中，如果想给视频插入一个播放前的静态图片，相当于视频的封面，可以利用"标牌框架"来设置。如果想改变视频的长方形外观，可以使用"视频样式"工具来设置。在"视频工具-播放"选项卡中，如果想设置播放效果，可以使用"视频选项"来设置。

　　第三步：直接在幻灯片中插入视频。先新建第三张幻灯片，版式自选，比如"空白"版式。在"插入"选项卡中，单击"媒体"组的❶"视频"→弹出列表，选择"PC 上的视频"→打开❷"插入视频文

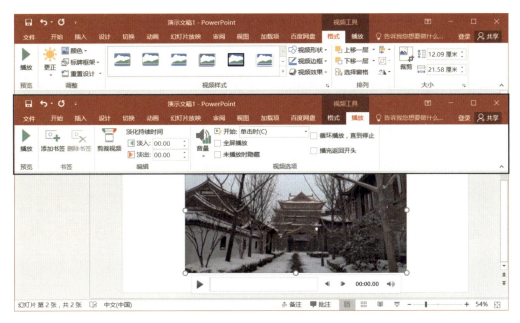

图 5-35　视频工具选项卡

件"对话框,根据视频文件所在的位置,选择需要插入的视频文件,单击❸【插入】按钮,就可将视频插入这张幻灯片中(图 5-36)。

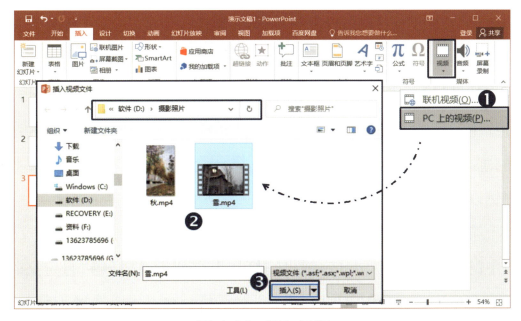

图 5-36　添加视频

第四步:保存文件。

老乐：小乐,上次试着在 PPT 里插入视频,但是我感觉效果不怎么好啊。

小乐：您指的是什么效果啊,爷爷?

老乐：是这样的,我的相册都是横着的,但是,我平时拍的视频竖着的比较多,这一横一竖,看上去有点别扭。

小乐：解决这个问题不难,PPT 也可以竖着制作。

老乐：真的?

四、纵向幻灯片

PowerPoint 2016 默认的幻灯片比例为16：9,横向,其大小为宽33.867 厘米,高 19.05 厘米,在“设计”选项卡的“自定义”组中,可通过选择“幻灯片大小”,按具体情况进行更改。一般的手机屏幕的比例可参照 9：16 来设置,只需要将幻灯片的方向更改为纵向即可。

特别提醒：纵向幻灯片尽量在设计之初就进行调整,以保证幻灯片中的图片不变形。如果相册已经制作完毕,最后才调整为纵向,那么幻灯片中的图片以及排版都会受影响,如图片位置、图片比例以及图片大小等(图 5-37)。

第一步：设置幻灯片方向。在“设计”选项卡中,单击“自定义”组中的❶【幻灯片大小】→弹出幻灯片大小列表,选择❷“自定义幻灯片大小”→打开❸“幻灯片大小”对话框,将“方向”选择为❹“纵向”,幻灯片就改为了竖版(图 5-38)。

横向　　　　　　　　　　纵向

图 5-37　横向与纵向幻灯片

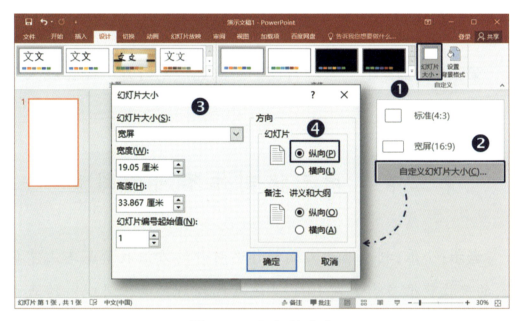

图 5-38　幻灯片大小

在"幻灯片大小"对话框中,除了选择"方向"外,还可以设置幻灯片大小。

第二步:设置幻灯片大小。在"幻灯片大小"对话框中,单击❶"幻灯片大小"下拉列表按钮→弹出❷列表,在❷中选择一个尺寸(图 5-39)如"宽屏",单击【确定】按钮。或者直接在❸"宽度"与"高度"里输入相应的数值,单击【确定】按钮。

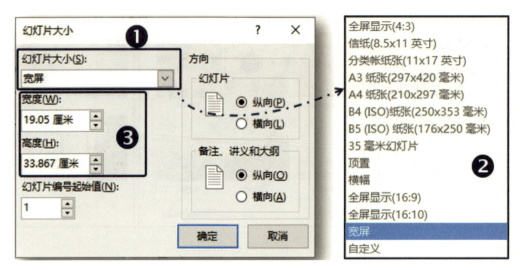

图 5-39　设置宽屏幻灯片

第三步:保存文档,按照自己的想法完成幻灯片的制作就大功告成了。

第三节　用形状制作不同的图案

老乐:小乐,利用演示文稿制作幻灯片的方法我都基本上掌握了,的确收获很多啊。在 PPT 里还有比较好玩的工具吗?给我说一说。

小乐:爷爷,当然有,比如形状,我们可以用形状画画。

老乐:画画?

小乐:是的,不同的形状组合在一起,可以构成一些好看的图案,再把这些图案组合在一起,不就是一幅好看的画嘛!

老乐:哦,快来给我演示一下吧。

一、插入形状

PowerPoint 2016 软件自带了 173 个插入形状，在"插入"选项卡中，单击"插图"组的❶"形状"→打开❷形状列表，将看到全部的可用形状(图 5-40)。

图 5-40　形状

如果想在幻灯片中画一个红色黄边发射金色光芒的圆，可以按以下步骤还完成：

第一步：绘制一个椭圆。在形状列表的"基本形状"中，找到并单击❶"椭圆"→鼠标会变成十字形状，移动到幻灯片合适的位置，直接拖拽十字形状的鼠标，则画出一个椭圆(图 5-41)。

把椭圆调整成圆。❶选中椭圆，在"绘图工具-格式"的❷"大小"组中，将"高度"框和"宽度"框的数字调整为相同，比如都是 10 厘米，椭圆就变成圆了(图 5-42)。

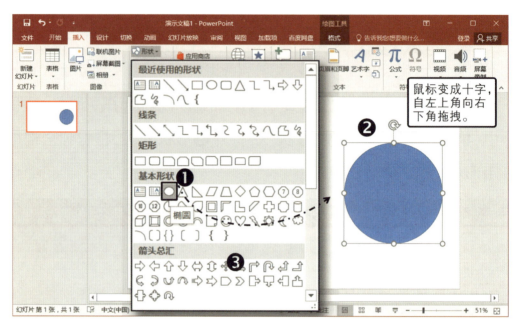

图 5-41　绘制形状

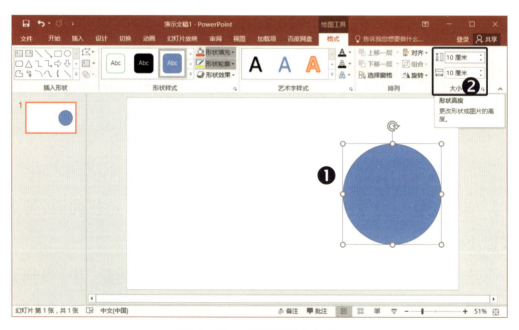

图 5-42　设置形状大小

第二步：设置形状填充与形状轮廓。在"绘图工具-格式"选项卡的"形状样式"中，单击❶【形状填充】→打开❷列表，选择标准色中的"红色"色块；单击❶【形状轮廓】→打开❸列表，选择标准色中的"黄色"色块;单击❶【形状效果】→打开❹列表,选择"发光"中第 4 行第 4 列的"金色,18pt 发光,个性色 4"(图 5-43)。

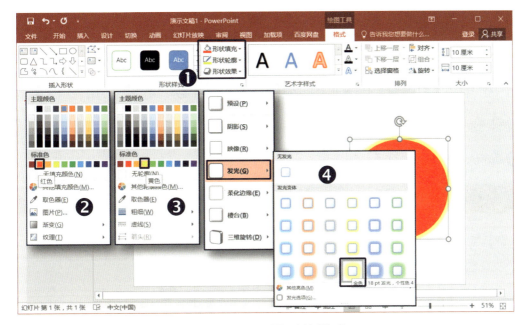

图 5-43　设置形状样式

形状的填充还可以使用类似于幻灯片背景的填充方法,包括图片、渐变和纹理等填充。

第三步:保存文档。

老乐:小乐,我现在可以画个圆了,我还想绘制一些其他的图案,比如云,花,或者是树……

小乐:有创意啊,爷爷,可以把两个或两个以上的形状组合在一起。

二、组合形状

我们还可绘制两个以上的形状,组合成一种图案,比如一棵小树。

第一步：设置幻灯片版式。新建一个演示文稿。将幻灯片的版式设置为"空白"。在"开始"选项卡中，单击"幻灯片"组的【版式】→打开版式列表，选择"空白"版式。

第二步：绘制一个等腰三角形。在"插入"选项卡中，单击"插图"组中的❶【形状】→弹出形状列表，选择❷"等腰三角形"，鼠标指针变成十字时，在幻灯片合适的位置拖拽，就可以绘制出一个❸等腰三角形（图5-44）。

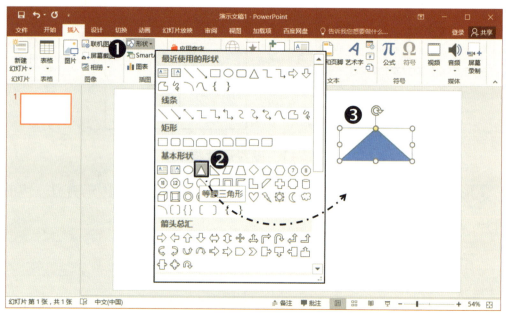

图5-44　绘制一个等腰三角形

第三步：设置等腰三角形的样式为深绿色。选择等腰三角形，在"绘图工具-格式"选项卡中，单击"形状样式"中的【形状填充】→打开❶形状填充列表，选择主题色中的"绿色，个性色6，深色50%"；单击"形状样式"中的【形状轮廓】→打开❷形状轮廓列表，选择"无轮廓"，设置了一个绿色无轮廓的❸三角形（图5-45）。

第四步：采用同样的方法，再绘制一个稍大一些的等腰三角形。

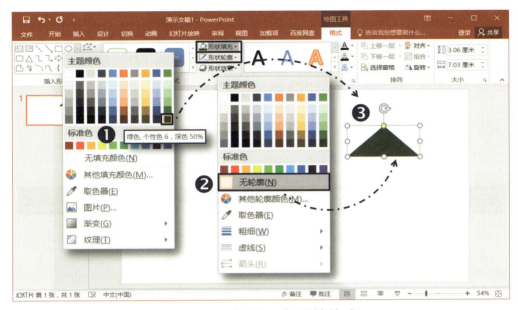

图 5-45　设置三角形的格式

　　也可复制形状。想复制形状,可以利用组合键❶【Ctrl+D】在当前这张幻灯片上复制,也可使用❶【Ctrl+C】复制再【Ctrl+V】粘贴的方法进行。❷拖拽形状的小圆圈将其放大或缩小,❸拖拽形状的上方的圆箭头可旋转方向(图 5-46)。

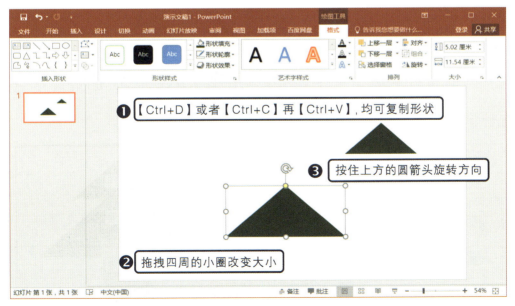

图 5-46　复制形状

第五步:利用主题样式绘制树干。先绘制一个大小合适的长方形,再选中这个长方形,在"绘图工具-格式"中,单击"形状样式"组的❶其他按钮→打开❷样式列表,选择主题样式第5行第4列"中等效果-灰色50%,强调颜色3",❸长方形树干的效果就设置好了(图5-47)。

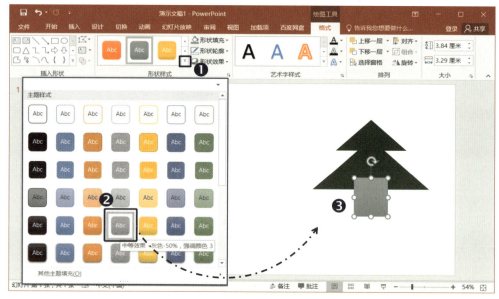

图5-47　设置形状样式

第六步:改变图层顺序。我们依次添加在幻灯片上的内容,会以先后顺序自下而上地排列,第一个形状在最下面,即最底层,最后一个形状在最上面,即最顶层(图5-48)。

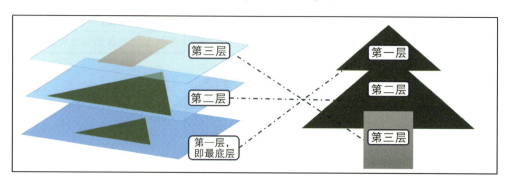

图5-48　图层示意图

　　如果需要改变图层顺序,可选择某一个形状,在"绘图工具-格式"选项卡中,选择❶"排列"组中的"上移一层"或"下移一层"按钮,进行图层的移动。选中❷树干长方形,选择"下移一层",就可以将树干移动到绿色三角形下面了(图 5-49)。

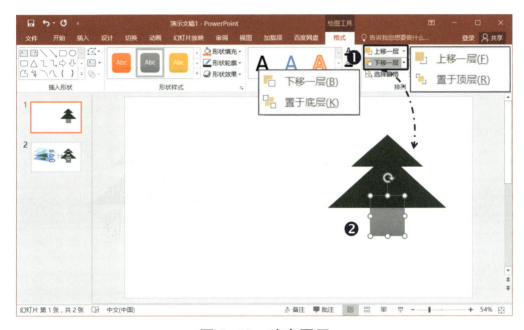

图 5-49　改变图层

　　第七步:选择多个形状对象,方法有以下三种。

　　一是鼠标与键盘配合。先选一个,再按住 Ctrl 键后再选择其他的形状,鼠标指针会变成的状态,然后一个一个地选择其他对象即可(图 5-50)。

　　二是拖拽鼠标框选。可以在全部要选的对象的左上角,拖拽鼠标至区域的右下角,完成所有对象的选择(图 5-51)。

　　三是利用"选择窗格"选择。在"开始"选项卡中,单击"编辑"组的❶【选择】按钮→打开选择列表,单击❷【选择窗格】→屏幕的右侧会显示❸列表。这是一个查看所有对象的列表,让我们能够更加轻松地选择对象、更改其顺序或更改其可见性(图5-52),同样也可以配合 Ctrl 键完成选择。

组合图形就是将若干个形状组合为一个整体,可以统一地进行移动或设置格式。

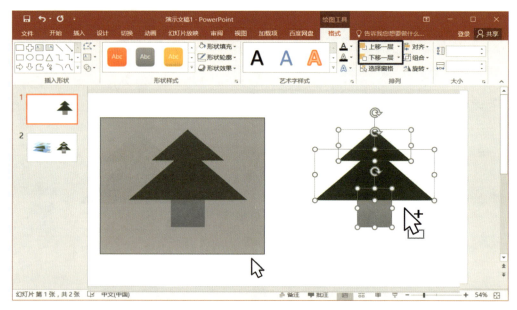

图 5-50　住 Ctrl 键多选

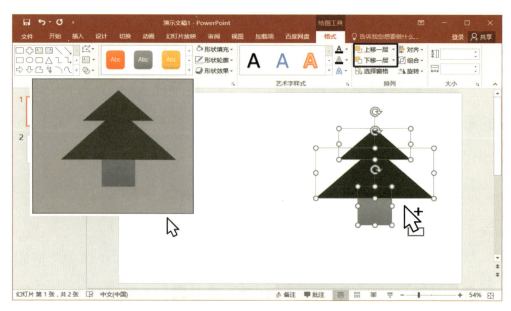

图 5-51　框选多个图形

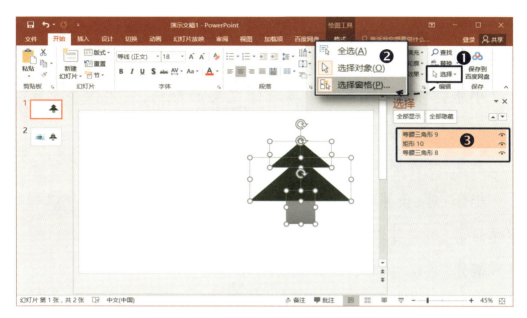

图 5-52　利用选择窗格进行选择

第八步:组合图形。先选中需要组合的❶所有形状,在"绘图工具-格式"选项卡中,单击"排列"组中的❷"组合",便将所选对象组合为❸一个整体(图 5-53)。

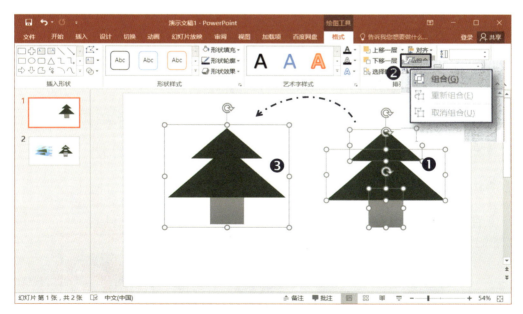

图 5-53　组合图形

第九步:保存文件。

老乐：小乐，我又发现了一些问题，有些形状用插入形状是画不出来的，比如说荷花瓣，有没有办法解决？

小乐：有的，如果形状中没有您需要的形状，利用组合也无法生成这些形状，您可以试试合并形状的功能。

老乐：合并形状？

小乐：对，合并形状是高版本 Office 中特有的工具，也可以叫作布尔运算，用它可以创造出成各种奇形怪状。

老乐：我很感兴趣！

三、布尔运算

制作 PPT 时，我们需要对图形进行一些处理，才能得到我们想要的形状，这时，我们就需要用到布尔运算。所谓布尔运算，就是数字符号化的逻辑推演法，包括联合、相交、相减。在图形处理操作中，引用了这种逻辑运算方法，以使简单的基本图形组合产生新的形体，并由二维布尔运算发展到三维图形的布尔运算。

简单地说，就是对两个或两个以上图形进行加减运算。

布尔运算是英国数学家布尔在 1847 年发明的算法，用于处理二个运算对象之间关系的逻辑数学运算法。

在 PPT 2016 中，布尔运算包括以下 5 种（图 5-54）。

联合　　　组合　　　拆分　　　相交　　　剪除

图 5-54　布尔运算

（一）联合

将两个或两个以上的图形合并为一个新的图形（图 5-55）。

图 5-55　联合

（二）组合

将两个或两个以上的图形合并为一个新的图形，并去除相交的部分（图 5-56）。

图 5-56　组合

（三）拆分

将两个或两个以上的图形沿边界分割为若干个新图形（图 5-57）。

图 5-57　拆分

（四）相交

将两个或两个以上的图形相交处保留，去除其他的部分（图5-58）。

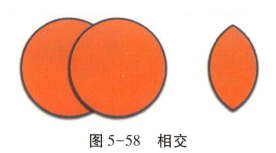

图5-58　相交

（五）剪除

从第一个选中的图形中去除第二个选中的图形与其相交的部分（图5-59）。

图5-59　剪除

在做布尔运算的时候，需要注意，任何东西都有先后顺序。布尔运算也是一样的。你要记住，你想保留什么，就先选什么，布尔运算得到的图形与你第一个选择的图形格式是一致的，比如颜色、框线等等。

试着在幻灯片里画绘制一朵小红花 ✿ 送给自己吧！

第一步：在"插入"选项卡中，单击"插图"组的❶【形状】→打开形状列表，选择"基本形状"中的❷【椭圆】按钮，在幻灯片中绘制

一个圆形,再复制四个一模一样的,调整这五个圆的位置,组成❸
一朵花的样子(图 5-60)。

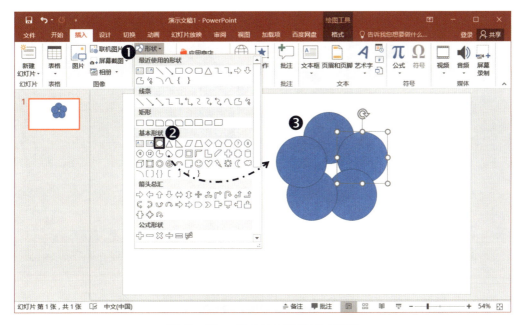

图 5-60 绘制五瓣花朵形状

第二步:按住 Ctrl 键,分别用鼠标单击形状,选定❶这五个圆
形。在"绘图工具-格式"选项卡中,单击"插入形状"组的❷【合并
形状】→弹出❸列表,选择"联合",就将五个形状变成一个形状;再
单击❹【形状填充】→弹出列表,选择形状填充为"标准色"的深红
色色块;单击❹"形状轮廓"→弹出列表,选择【无】,设置了一个
❺小红花的雏形(图 5-61)。

第三步:在小红花的花心里,再绘制一个白色无轮廓的小圆
形。选定❶小红花的雏形和❷白色小圆这两个形状,在"绘图工具
-格式"的"插入形状"组中,单击❸【合并形状】→弹出列表,选择
【剪除】,就完成了❹一朵小红花的绘制(图 5-62)。

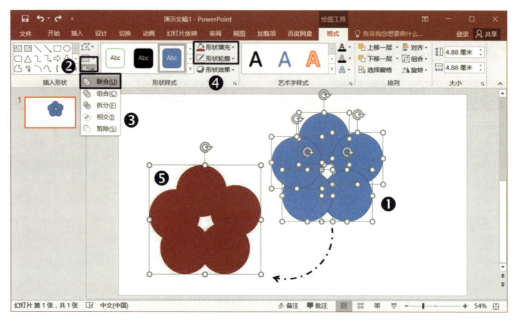

图 5-61　联合形状并设置格式

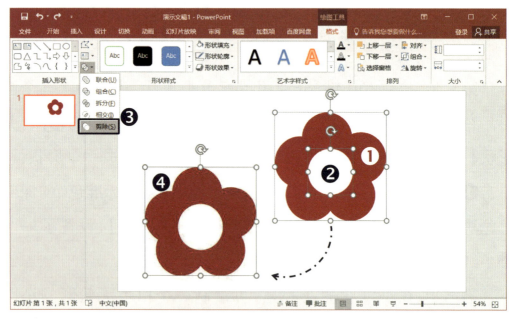

图 5-62　剪除形状

第四步:保存文档。

利用形状的组合与布尔运算,发挥您的想象力,绘制更美、更复杂的图画吧(图 5-63)。

图 5-63　利用合并形状完成的画面

通过本节的学习,会插入形状,掌握形状格式的设置方法,利用形状组合与布尔运算对形状进行改造,能够绘制更好看的图形。

第四节　SmartArt 的使用

SmartArt 也叫智能图表,或逻辑图表,现在我们说到的 Smart-Art 产生于微软 Office 2007 版,组织结构图是 Office 早期版本中的工具,在微软 Office 2003 之前的版本里,只有组织结构图,在 Office 2007 以后就升级为 SmartArt 了,组织结构图成为了其中一种,而且在之后的版本中几乎没有太大的变化。

老乐:小乐,我们要举办一个象棋比赛,打算采用淘汰制,我已经学会了形状，想画个比赛对阵示意图，但是一个一个地画，觉得效率有点低了。

小乐：确实是。像这种对阵图可以用 SmartArt 中的组织结构图设计一下。

一、组织结构图

假设象棋比赛有 8 人参赛，两两对决，可分成 4 组，每组 4 人胜出，再两两对决，2 人胜出进行决赛，制作流程如下：

第一步：新建一个演示文稿，将幻灯片的版式设置为"空白"。

第二步：插入一个 SmartArt 图。在"插入"选项卡中，单击"插图"组中的❶【SmartArt】→打开"选择 SmartArt 图形"对话框，选择左侧列表中的❷【层次结构】→中间将显示❸其子类型，选择【标记的层次结构】，单击❹【确定】按钮（图 5-64）。

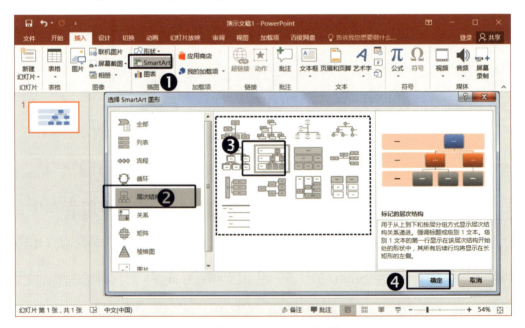

图 5-64　插入 SmartArt 智能图表

第三步:选中最下层最右边的❶长方形,在"SmartArt 工具-设计"选项卡中,单击"创建图形"组中的❷【添加形状】→显示列表,选择❸【在后面添加形状】,便在❶长方形的右边添加了一个平级的❹长方形(图5-65)。

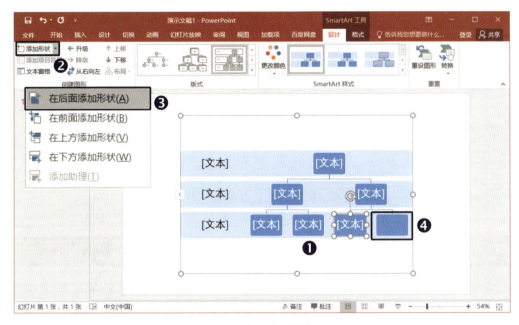

图 5-65　在后面添加形状

第四步:选中最下层最左边的❶长方形,在"SmartArt 工具-设计"选项卡中,单击"创建图形"组中的❷【添加形状】→打开列表,选择❸【在下方添加形状】,便在这个❶长方形的下面添加了一个下一级的❹长方形了(图5-66)。

第五步:重复第三步与第四步的方法,就可以制作出一个比赛对阵图的框架了(图5-67)。可单击智能图表左侧的❶箭头,打开❷"文本窗格",输入文字内容,也可以直接在❸智能图表中的长方形文本框中输入文字内容。

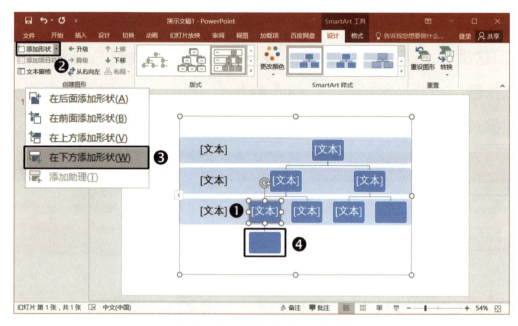

图 5-66　在下方添加形状

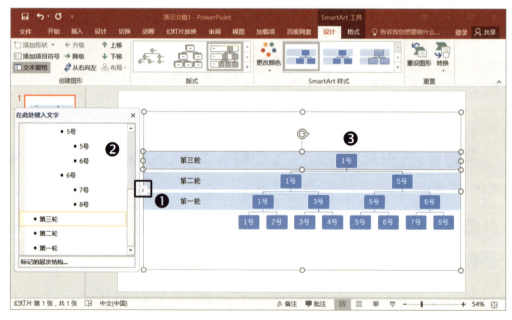

图 5-67　输入文字

第六步：在"SmartArt 工具 – 设计"选项卡的"SmartArt 样式"组中，单击❶【更改颜色】→弹出❷主题颜色列表，选择一个配色方案,可以更改智能图表的❸整体配色,让图表看上去更美观,更有层次感(图5-68)。

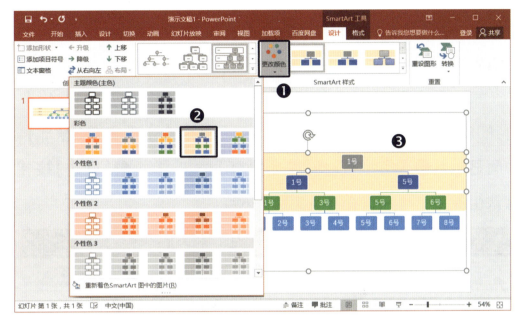

图 5-68　更改 SmartArt 颜色

第七步:保存文档。

老乐:小乐,比赛对阵示意图用智能图表的确很方便啊,我看智能图表的类型挺多的,除了组织结构图,其他的图表看上去也很有趣。

小乐:确实是。SmartArt 图表共分八大类,包括列表、流程、循环、层次结构、关系、矩阵、棱锥图、图片,共184个子类。这些子类,基本上可以满足工作与生活的需要。

老乐:咱们试试用循环图做一个四季轮回吧。

二、循环图

第一步：创建基本循环图。新建一个演示文稿，将幻灯片的版式设置为"空白"。

第二步：在"插入"选项卡中，单击"插图"组中的❶【SmartArt】→打开"选择 SmartArt 图形"对话框，在左侧列表中选择❷【循环】→中间显示其❸子类型，选择【基本循环】按钮，单击❹【确定】按钮，默认生成 5 个形状的循环图（图 5-69）。

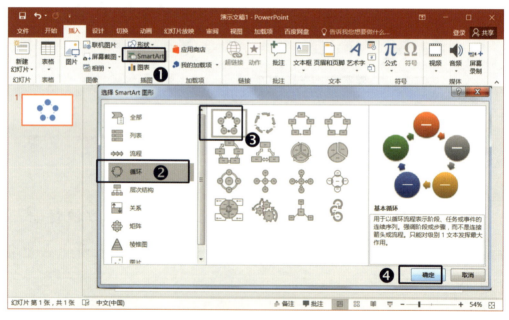

图 5-69　循环图

第三步：删除形状。选中 5 个形状中的 1 个形状，按 Delete 键进行删除，使之变成了 4 个事件循环（图 5-70）。

第四步：设置形状。在"SmartArt 工具-设计"选项卡中，单击"SmartArt 样式"组中的工具❶【更改颜色】→弹出列表，选择"彩色"中的❷【彩色-个性色】按钮。单击"SmartArt 样式"组的❸【其他】按钮→弹出其他样式列表,选择"三维"中的❹【砖块场景】(图5-71),使智能图表极具立体感。

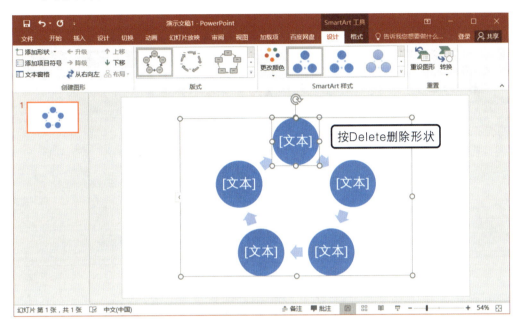

图 5-70　删除形状

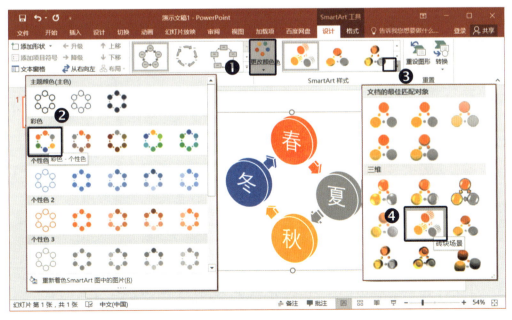

图 5-71　SmartArt 样式

第五步：更改形状。选中智能图表中的某一个形状,在"Smart-Art 工具-格式"选项卡中,单击"形状"组中❶【更改形状】→弹出列表,找到并单击❷【云形】形状,就可调整智能图表中的❸形状为"云形"形状了(图 5-72)。

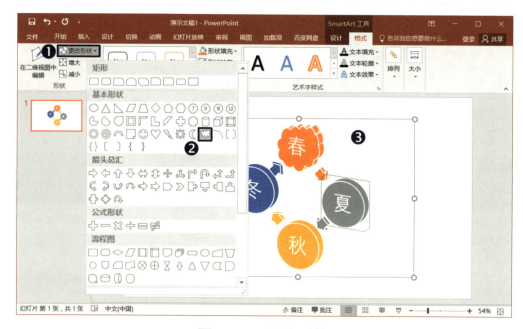

图 5-72　更改形状

第六步：保存文档。

老乐：小乐,这个简单的循环图我已经掌握了,我打算自己试着做一个二十四节气的循环图,哈哈。

小乐：爷爷,二十四节气是在四季的四个事件的基础上增加到二十四个事件,操作会稍复杂一些,其实方法是一样的。

老乐：对。

小乐：其实,SmartArt 片除了显示文字内容,处理大量的图片也是一个很好的工具呢!

三、图片版式

第一步：应用图片版式。在幻灯片上插入若干张图片，按下 Ctrl 键，依次点击这些图片→❶全部选中，在"图片工具-格式"选项卡中，单击"图片样式"组中的❷【图片版式】→打开下拉列表，选择自己喜欢的版式，比如❸【题注图片】，完成图片版式设置（图 5-73）。

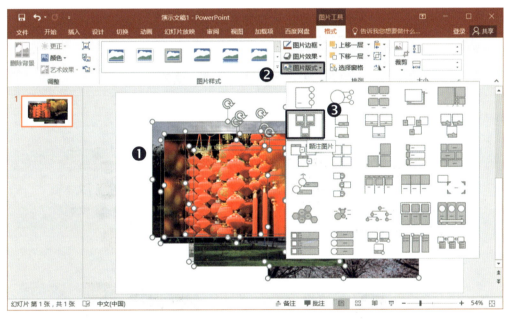

图 5-73　图片版式

第二步：应用了图片版式的❶图片，就不再杂乱无章了。再利用❷"SmartArt 工具-设计"选项卡和"SmartArt 工具-格式"选项卡，可以设计出多图片的幻灯片了（图 5-74）。

下面的示例（图 5-75）可以帮助大家开拓思路，并利用自己的想象力设计出更好看的幻灯片。

图 5-74　SmartArt 工具-格式

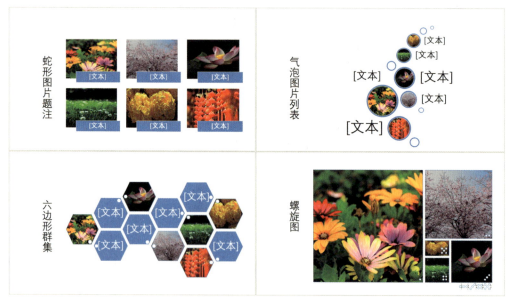

图 5-75　各种样式 SmartArt 的示例

第三步:SmartArt 转换为形状。在个别样式的图片版式中,比如"气泡图片列表",若不希望显示文本内容,而直接将文本删除的话,其对应的图片也会被删除掉,该如何处理呢?

遇到这种情况,可以将 SmartArt 图形转换形状。在【SmartArt 工具-设计】选项卡中,单击"重置"组的❶【转换】→打开列表,选择❷【转换为形状】,则智能图表中的每一个图形就会变成独立的形状,可随意删除或独立设置这些形状(图 5-76)。试一试,看看效果吧。

图 5-76　SmartArt 转换为形状

　　第四步:保存文档。

参考文献

［1］晋玉星,余楠.计算机应用基础(第四版)［M］.北京:科学出版社,2023.

［2］李军.中老年人学电脑入门与提高［M］.北京:清华大学出版社,2019.

［3］互联网+计算机教育研究院.新手学电脑全能一本通［M］.北京:人民邮电出版社,2022.